前台北市立婦幼綜合醫院婦產科主任
許世賓 醫師
審訂推薦

搞定哺乳大小事，自然擁有好奶水

新手媽媽一定要學的
哺乳經

磊立同行◎著

哺乳是媽媽
給寶寶的健康贈禮

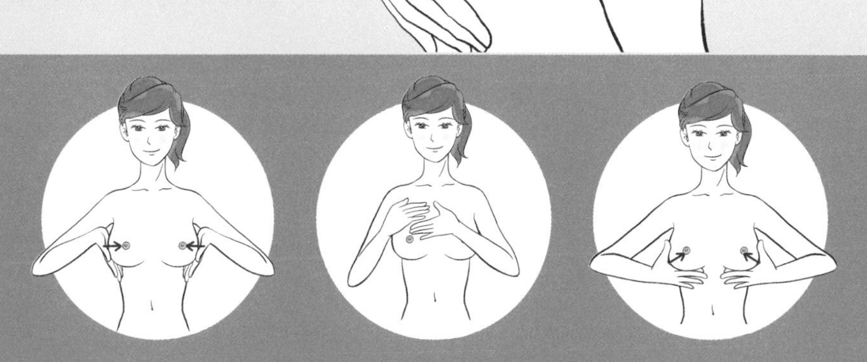

家家必備的哺乳聖經

母乳哺餵可以為寶寶成長發育提供適當的營養與抗體，讓媽媽產後可以較快速恢復原本曼妙的身材，最重要的是透過肌膚的親密接觸，可以讓「愛」在親子間的細胞擴散交流。

依照國民健康局中母乳哺育現況調查一文，台灣目前的母乳哺餵盛行率已由九十三年的百分之二十九．四提升到一百年的百分之八十七．五，顯示其實現代的媽媽都有一定程度的認知，知道母乳的好處多多。但是產後六個月後的母乳哺育卻只剩下百分之五十．四。

臨床上，常常看到產後回診的媽媽停止哺餵母奶的常見因素，大致有以下幾種：(1)重回職場後，不知如何兼顧。(2)因為脹奶、乳腺炎的疼痛而停止。(3)無法成功找到適合自己的哺乳的方式。(4)家人不知如何參與及協助等。以上常見的因素，都可能會形成讓人跨不過去的巨大鴻溝，而無法持續哺餵。

在此書中，以深入淺出的文字佐以導列式的書序，像剝洋蔥般的由外往內，層層深入瞭解哺乳的蘊涵，從為何要選擇成為「奶媽」，一步步傳授哺乳的私房祕笈，到要如何化解遇到的N種困難，其中最核心的部分是回到職場後要如何持續哺餵母乳，更難能可貴的是，此書提到爸爸可以從哪些方面著手參與。若你已決心要當個稱職的母乳媽媽，這是本值得一讀再讀的哺乳聖經。

前台北市立婦幼綜合醫院婦產科主任
許世賓婦產科院長 **許世賓**

最親密的親子時光

在當媽媽的記憶中，有那麼一段時光是永難忘懷的。

當那個細嫩柔軟的小身體在媽媽的懷中磨蹭，本能地尋找媽媽的乳頭，張口喝下來到這個世界上的第一口食物——媽媽甘甜的乳汁時，那粉嫩小臉上的滿足與幸福，是每一個媽媽都永生難忘的。

我很清楚地記得，我當時躺在醫院的病床上，忍受著剖腹產手術麻醉藥褪去後的疼痛。老公把同同抱到我的身邊，我撩起衣服，同同立刻迫不及待地尋找我的乳頭，當我把乳頭放進同同的嘴裡，她立刻吸吮起來，那一刻的幸福和滿足立即將我的疼痛淹沒。作為剖腹產媽媽，我很慶幸能讓女兒在出生後的第二天，就吃到了第一口初乳。從此，我開始了充滿淚水和幸福感的哺乳生活。

作為一名職場媽媽，我哺餵了女兒十個月的母乳，這段時間和很多人相比，不算很長，但我盡自己最大的努力，直到最後一滴母乳乾涸。

三百多天的哺乳過程中，我流過血，流過淚。但我從不刻意掩蓋哺乳的疼痛與辛苦，因為那就是客觀存在的現實，相信每一個哺乳媽媽都曾經歷過。

既然如此，為什麼還會有那麼多媽媽選擇親自哺乳呢？因為餵養母乳有太多餵養配方奶無法替代的好處，身為一個媽媽，必定會將最好的給您的孩子，不是嗎？

本書將陪伴您走過一段難忘的哺乳歷程，這段時間或長或短，讓我們一點一滴地努力，為您和孩子留下最親密、美好的親子時光。

CONTENTS

Part 2 每個媽媽都能成為稱職的「奶媽」

Part 3 做個稱職「奶媽」的私房祕笈

CONTENTS

Part 4 巧妙化解哺乳的N種困難

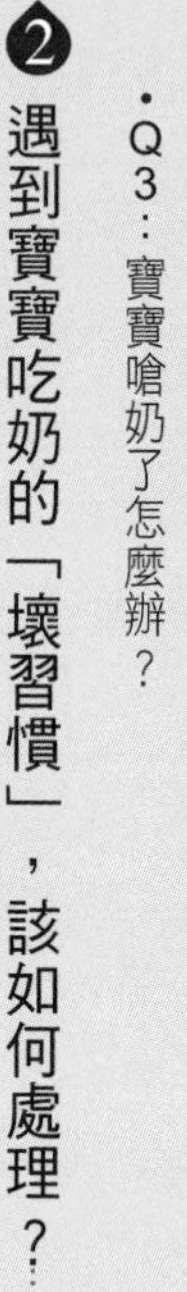

職場媽媽加油，哺餵母乳到最後

CONTENTS

Part 7

快樂斷奶，請慢慢來

CONTENTS

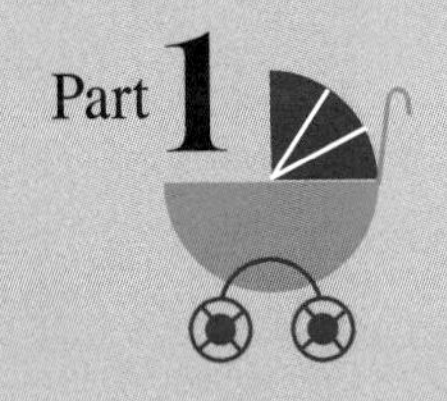

母乳好處細細數

母乳是寶寶在這個世界上最珍貴的食物，這個說法您一定聽過。

母乳天然、健康、營養豐富，

可以為寶寶提供最充足和必須的營養，

對寶寶的成長發育非常有利。

不僅如此，母乳還可以促進寶寶的智力發育，

讓寶寶和媽媽更加親密；

更神奇的是，母乳還可以幫助媽媽恢復身材、預防各種疾病。

接著，就讓我們來一一細數母乳的種種好處。

金水銀水不如媽媽的奶水

現在乳品廣告鋪天蓋地，所有的商家都標榜著產品營養豐富、促進智力發育、增強寶寶抵抗力一類的功能，甚至還把奶粉與母乳的營養成分進行對比，以此來說明奶粉營養已經勝過了母乳。

人是哺乳動物，母親泌乳來哺育自己的孩子，是人類繁衍至今的本能。科學再發展，人類再進步，這一本能永遠不會消失。母乳中富含各種營養成分，以最適合寶寶消化和吸收的比例精確配比，是天地間最自然的賦予，沒有任何人工的干預。母乳來自媽媽的身體，是專供給寶寶的營養食物，這樣的食物一定是最適合寶寶的，絕不是任何乳品可以比擬和替代的。打一個比喻，再多的能工巧匠打造出來的景觀，也比不上大自然的鬼斧神工，很多天然的東西是再精巧的人工也無法替代的，母乳便是如此。

母乳中含有豐富的營養成分

儘管人們不遺餘力地試圖製造出可以代替母乳的營養奶粉，但事實上，沒有任何一種食物可以替代媽媽的奶水。

母乳中究竟含有哪些營養物質呢？簡單來說，寶寶成長發育需要哪些，母乳中就含有哪些，母乳是媽媽對寶寶的一對一服務，毫無差錯。母乳中豐富的蛋白質、胺基酸、乳糖、脂肪、無機鹽以及微量元素，能滿足寶寶成長發育的需要，給寶寶最有力的營養支持。

母乳更易消化和吸收

容易吸收的乳蛋白

吃母乳的寶寶很少出現大便乾燥的問題，這是什麼原因呢？乳品中的蛋白質分為乳蛋白和酪蛋白，乳蛋白可促進糖的合成，在胃中遇酸後形成的凝塊小，一般呈絮狀凝固，利於消化。而酪蛋

白遇酸容易結成塊狀，不但不利於寶寶的消化，而且極易造成寶寶大便乾燥。母乳中富含乳蛋白，與酪蛋白的比例為二比一甚至更多，而牛乳中乳蛋白和酪蛋白的比例僅僅為一比四•五，因此母乳更適合寶寶腸胃的消化和吸收。

好吸收、易存儲、益發育的脂肪

乳品中都含有一定量的脂肪，脂肪分為飽和脂肪酸和不飽和脂肪酸，不飽和脂肪酸較易被寶寶的稚嫩腸胃吸收，更利於寶寶的生長發育，而且不會導致肥胖。母乳中含豐富的不飽和脂肪酸，而牛乳中飽和脂肪酸卻占絕大的比例。母乳中不易消化和吸收的脂肪球含量很低，且善解人意的含有很多種消化酶，寶寶在吸吮乳頭時還會產生一種舌脂酶，這些酶配合在一起有利於消化母乳中所含的脂肪。豐富的不飽和脂肪酸、低脂肪球含量，再加上各種消化酶的作用，其結果就是母乳中的脂肪百分之九五以上可以在寶寶體內存儲，為寶寶的生長發育貢獻力量；而牛乳存儲的比例只有百分之六一。

合理的鈣磷比例

鈣質是寶寶骨骼發育的必須元素，鈣質吸收的好壞，對寶寶骨骼發育至關重要。我們透過觀察發現，吃奶粉的孩子必須要補充鈣質，吃母乳的孩子則只有一部分需要補鈣。這是為什麼呢？因為母乳中鈣、磷的比例為二比一；牛乳的比例卻是一比二，不利於寶寶的成長發育。因此吃奶粉的寶寶必須額外補充鈣質，而只有少數媽媽母乳中鈣質不夠豐富，寶寶才需要額外補充鈣。

高吸收比例的鋅和鐵

缺鋅會影響寶寶的智力發育，缺鐵會造成寶寶貧血。科學研究顯示，母乳中鋅的吸收率可達百分之五九・二，而牛乳僅為百分之四二。母乳中鐵的吸收率為百分之四五至七五，而牛奶中鐵的吸收率為百分之一三。有些吃奶粉的寶寶會出現大便發黑的情況，就是因為牛奶中的鐵無法被寶寶的身體吸收，直接排出了體外。

有益消化的牛磺酸

乳品廣告中常提到一種物質，叫「牛磺酸」，牛磺酸是一種胺基酸，在寶寶的幼嫩腸胃中，會與膽汁酸結合，更佳地促進消化，是很重要的物質。而母乳中牛磺酸的含量要比牛乳多，更利於寶寶消化。

母乳可以提高寶寶的免疫力，預防各種疾病

作為媽媽，沒有比寶寶生病更讓人心疼的了。看著那麼小的孩子被疾病折磨、打針、吃藥，寶寶的每一聲痛哭都如鋼針般扎在我們的心上。作為媽媽，最重要的責任之一，就是幫助寶寶建立起他們堅固的免疫系統，讓疾病無機可乘。

而母乳，就是幫助寶寶建立免疫系統的第一步。

寶寶剛剛出生時，免疫系統的建立急需母乳的支援。科學家們的研究成果顯示，母乳可增強嬰兒的免疫力，與喝配方奶的嬰兒相比，哺餵母乳的嬰兒中，胃腸道感染、呼吸道感染和各種過敏的發生率都比較低。筆者一位同事的女兒，從小就受到濕疹的困擾，主要原因就是因為吃奶粉，一直到孩子上小學才慢慢好轉。由於濕疹的緣故，有很多食物孩子都不能吃，不僅影響了孩子身體的發育，同時也失去了很多品嘗美食的樂趣。

抗體的「搬運工」

抗體是我們很熟悉的一種物質，而母乳正是媽媽把自己身體中的抗體傳遞給寶寶的「搬運工」。健康成年人的身體在與各種病原接觸時，體內會產生抗體，這是免疫系統成熟的標

誌，免疫系統尚未發育完全的寶寶，這種「本領」很弱或沒有。抗體產生於媽媽體內，能透過母乳傳遞給寶寶，幫助寶寶逐步建立自己的免疫系統，使寶寶免受各種細菌感染的侵襲。

幫助寶寶建構免疫系統大樓的神奇因數

母乳中有幫助寶寶免疫系統成熟的因數，這些因數就像神奇的建築師一樣，幫助寶寶蓋起免疫系統的大樓；還可以將寶寶尚未發育完全的黏膜層空隙修補好，建立起阻礙有害細菌進入體內的堅強屏障。

有益菌的美餐——低聚糖

母乳中含有一種叫作低聚糖的物質，這種物質廣泛存在於母乳中，而且含量非常高，幾乎和蛋白質的含量相當。這些低聚糖對增強嬰兒的免疫力有重要作用。腸道中的有益菌能保護腸道健康，而這些低聚糖恰好是有益菌最喜歡的食物。有益菌吃了低聚糖以後大量繁殖，寶寶體內的有

益菌數增加，可以保障寶寶的腸道健康，避免出現腹瀉、便祕等腸道問題。

大腸桿菌的剋星——乙型乳糖

乳品中都含有一種成分叫做乳糖，科學家們把乳糖分為甲型乳糖和乙型乳糖兩種。母乳所含的乳糖是乙型乳糖，研究顯示乙型乳糖有間接抑制大腸桿菌生長的作用。牛乳中所含的乳糖卻是甲型乳糖，甲型乳糖能間接促進大腸桿菌的生長，而大腸桿菌卻是造成腹瀉的元兇。

神奇的魔術師——一種含氮的碳水化合物

母乳中還有一種含氮的碳水化合物，這種碳水化合物與母乳中的乳糖發生化學反應，可以分解出乳酸和醋酸，乳酸和醋酸可以防止寶寶體內有害微生物的生長。前文中提到母乳的可

金水銀水，不如媽媽的奶水

母乳不但營養豐富、容易吸收，還有幫助寶寶提高免疫力的神奇功效，是大自然最美好的恩賜，也是任何人工製品都無法取代，對寶寶最好的天然食品。

貴之處在於營養成分的配比合理，而不僅僅是以營養物質的含量多取勝。乳糖和蛋白質之間的比例愈高，這種含氮的碳水化合物的生長就愈快。母乳中乳糖和蛋白質的比值是七比一，而牛奶只有四比一。

此外，母乳中還有豐富的銅，對保護嬰兒嬌嫩的心血管有很大作用。

俗話說：「金水銀水，不如媽媽的奶水。」母乳不但營養豐富、容易吸收，還有幫助寶寶提高免疫力的神奇功效，是大自然最美好的恩賜，也是任何人工製品都無法取代，對寶寶最好的天然食品。

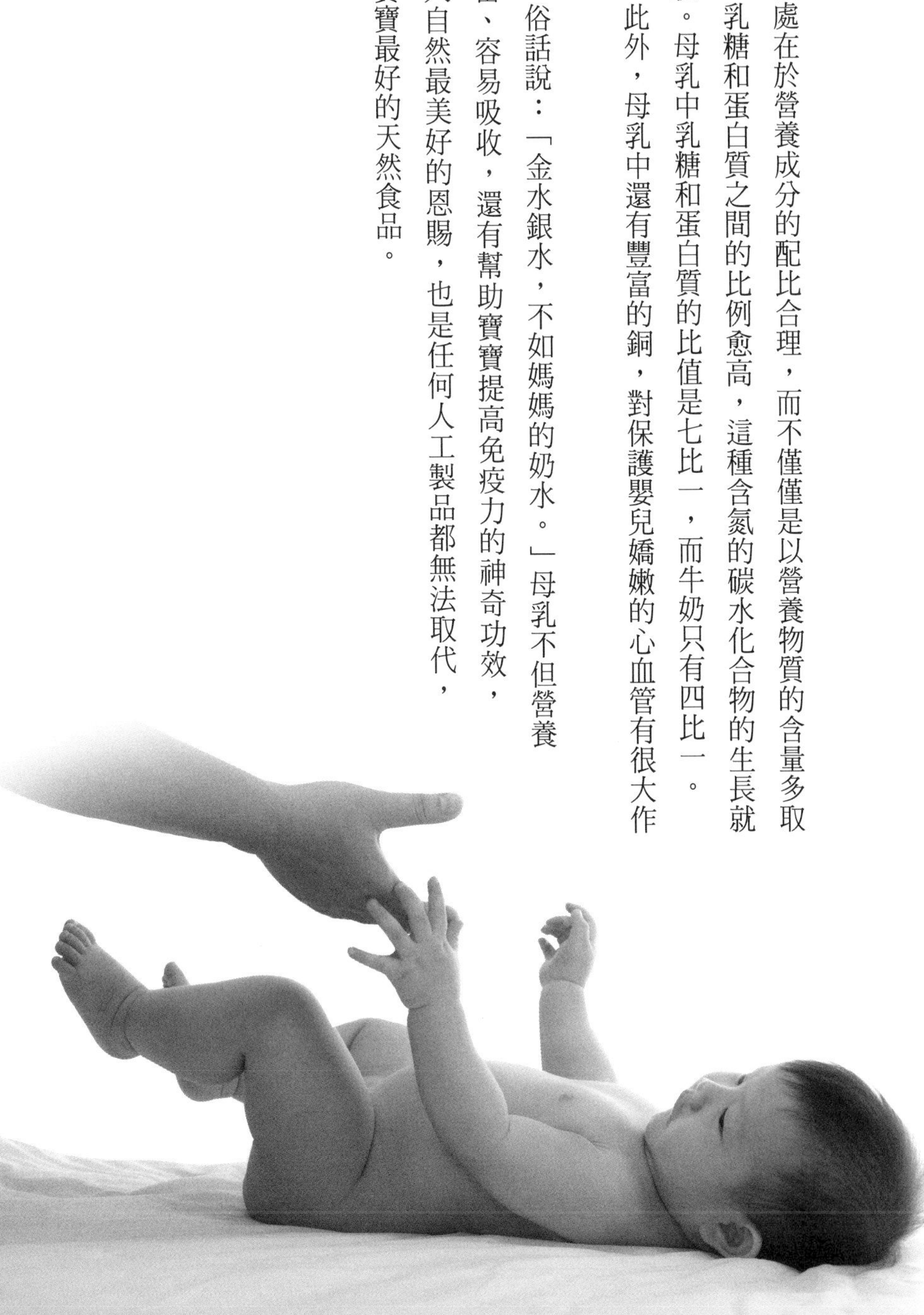

Chapter 2 哺餵母乳讓媽媽和寶寶關係更親密

母乳為媽媽和寶寶之間所帶來的親密關係，是任何東西都無法替代的。生命真的很神奇，一個小小的生命，在他一生的四至六個月裡，單單依靠媽媽的乳汁就可以存活、長大；在他生命的前一年裡，媽媽的乳汁是他營養的主要來源。

哺乳，助您成為一個好媽媽

哺乳讓媽媽母愛氾濫

很多哺乳媽媽都有過這樣的體會：寶寶一哭鬧或媽媽和寶寶不在一起時，只要媽媽想起寶寶，都會有乳汁分泌出來。這是作為媽媽的一種神奇的生理反應，是為人母後濃濃母愛的心理所導致的。哺乳期間，媽媽體內分泌的泌乳素和催產素會讓女性母愛萌發，美國行為學教授奈爾斯・牛頓把這種激素稱為「母愛荷爾蒙」。

哺乳時，媽媽和寶寶有最親密的接觸，寶寶身上獨特的嬰兒氣息會使媽媽陶醉，媽媽可以有充足的時間細細觀看寶寶身體的每一個細節。哺乳是屬於寶寶和媽媽的專屬時間，母愛就在這樣的專屬時間裡，益發濃烈。

愛，是做一個好媽媽的最重要元素。

哺乳讓媽媽更有責任感

誰都可以把牛奶送入寶寶的口中，但只有媽媽才能把母乳餵給寶寶。哺乳是媽媽的甜蜜專屬，也是無人能替代的甜蜜負擔。由於哺乳，媽媽不能長時間離開寶寶，每次出門都會急匆匆地趕著回家。哺乳可以讓剛剛升級為媽媽的女人，迅速找到當媽媽的責任感，這份責任感可以讓媽媽更加出色地勝任自己的角色，這對於媽媽和寶寶的一生都非常重要。

哺乳可以讓媽媽更有成就感

寶寶生命的前四個月裡，是不需要吃任何副食品的。看著寶寶完全依靠自己的奶水就能長大，這其中的滿足感和成就感，讓哺乳媽媽的所有辛苦、疼痛即刻化為烏有。哺乳的時間愈長，成就感就愈強，心理也會益發自信。

自信是做好一切事情的前提，也是做一個好媽媽的關鍵，這份自信的延續會對孩子將來的養育、教育發揮重要的作用。

哺乳讓媽媽更加瞭解寶寶

哺乳時，媽媽會以眼睛注視著寶寶，寶寶的每一根睫毛在媽媽的眼睛裡都格外清晰。哺乳時的近距離接觸，可以讓媽媽更加瞭解寶寶的身體發育情況以及其他需求，這是媽媽和寶寶之間最早的溝通方式。寶寶餓了是什麼表情，吃飽了是什麼表情，這種最直接的溝通方式使瞭解的過程變得簡單而有效。

哺乳，讓寶寶更愛您

哺乳讓寶寶更有安全感

嬰兒出生後對這個世界是恐懼和陌生的，他們對這個世界缺乏足夠的信任和安全感。媽媽在餵寶寶母乳的親密接觸中，寶寶可以聽到媽媽的心跳，聞到媽媽身上的氣味，吸吮媽媽甜美的乳汁，感受媽媽的體溫，媽媽溫柔的眼神和溫存的呢喃，會讓寶寶覺得熟悉又溫暖，讓寶寶感到無比安全。安全感的建立，是寶寶成長發育的第一步，並對寶寶今後的生理、心理發育起重要的作用，甚至會影響寶寶一生的幸福。

哺乳有助於寶寶心理發育

兒童發展心理學研究顯示，在寶寶學步期前，在心理上會認為他和媽媽是一體的、不可分離的，這種心理會持續一年左右，而這一年恰好是哺乳的黃金時期。哺乳的過程中，寶寶和媽媽密不可分、形影不離、無限親暱，正好滿足了寶寶這一階段的心理需求，幫助他們積蓄能量，有助於心理發育，並為下一階段自我意識的建立，打下良好的心理基礎。寶寶有足夠的勇氣在心理上成為獨立的個體，可以幫助他們成長為一個獨立、敢於面對和化解人生挫折的人。

喝母乳的寶寶和媽媽更親密

長期而親密的接觸，寶寶會對媽媽形成很強的心理依賴和情感依賴，這種依賴對寶寶的身心發育都非常重要，這是人類正常的情感要求，而哺乳正為這種母子間的親密關係提供了最有力的幫助。筆者的女兒學會說的第一個完整的句子是「我愛媽媽」，她經常在玩得格外開心時，突然給我一個擁抱，然後說「媽媽，同同愛你」。筆者相信，如果您也一直堅持母乳餵養，感受到那一刻的幸福也是遲早的事。

很多哺乳媽媽在斷奶的時候心情都會異常失落，很多寶寶也會在斷奶的時候出現哭鬧甚至生病，母乳就像一根紐帶，連結著媽媽和寶寶，密不可分，讓媽媽和寶寶之間的關係更加親密。

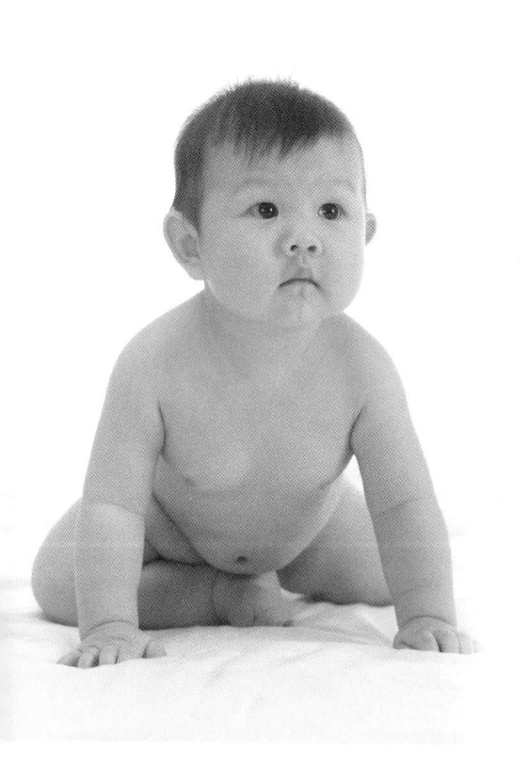

Chapter 3

喝母乳的寶寶更聰明

近年來，很多科學家對喝母乳和喝配方奶長大的孩子，在智力的發育上進行了研究。結果顯示，餵養母乳九個月以上的孩子，在成年後會比較聰明。

科學家們將一定年齡範圍內的成年人，按嬰兒時期吃母乳時間的長短分為五組，然後使用現代的智力評估方法對他們的智力進行評估。結果證明，吃母乳時間愈長的人平均智力水準愈高，而且這一結果不受父母社會地位、教育程度、個人的出生體重等，可能影響其認知發展的因素所影響。

母乳中究竟有什麼樣的神祕物質可以讓寶寶更加聰明呢？因為母乳中包含了各種可以促進寶寶大腦發育的營養物質，而且母乳容易被寶寶消化、吸收的特性，讓這些營養物質能夠充分發揮作用，為寶寶的智力發育提供強大動力。

ＤＨＡ是經常出現在電視廣告中的一個名詞，這種胺基酸對於人腦的發育和智力的提高非常重要。很多配方奶廣告會著重強調他們的產品中「加入了豐富的ＤＨＡ」，事實上ＤＨＡ

在母乳中含量非常豐富，並且是最天然和便於寶寶吸收的，當然也是最安全的。ＤＨＡ和另一種叫「ＡＡ」的胺基酸搭配，對寶寶的智力發育是最有力的，母乳中這兩種胺基酸的含量不但豐富，而且配比合理，最易於寶寶吸收和利用。

在介紹母乳容易吸收和提高免疫力的特點時，提到了乳蛋白、不飽和脂肪酸、乙型乳糖、牛磺酸、鐵、鋅這些在母乳中存在的、極易被寶寶吸收的營養物質。這些物質也是寶寶大腦發育不可或缺的營養，因此喝母乳的寶寶會更加聰明。母乳還可以提高寶寶的免疫力，讓寶寶遠離各種疾病的困擾。健康的體魄是智力發育的基礎，不生病的寶寶才有更多的能量來發展智力。總而言之，母乳中的營養物質是寶寶智力發育的必要元素，哺乳時寶寶和媽媽的親密接觸，也為寶寶的智力發育提供了良性的刺激。媽媽和寶寶獨處的時光裡，目光交流、身體的接觸、媽媽的愛撫、語言交流等都是對寶寶大腦發育的最佳觸媒。

筆者給女兒同同餵奶時，特別喜歡做兩件事：一是邊餵奶邊幫她按摩手指，特別是大拇指。寶寶的手指愈靈活大腦愈聰明，按摩手指可以刺激寶寶的末梢神經，讓小手更加靈活，頭腦更加聰明。另一件事就是和寶寶聊天或是唱兒歌，聊天的內容不限，只要是媽媽溫柔的聲音都是對寶寶的良性刺激，對寶寶智力發育都是有利的。

Chapter 4

哺乳讓媽媽更健康、美麗

哺乳對寶寶的好處多多眾所皆知，但很少有人注意到哺乳對於媽媽的好處，甚至還有很多媽媽對哺乳有誤解，認為餵母乳會影響身材恢復，妨礙媽媽的身體健康。

和餵養配方奶的媽媽相比，母乳媽媽所受的辛苦確實更多：飲食要注意、不能出遠門、上班要背奶、夜裡餵奶無人能替代……等，為了寶寶，很多母乳媽媽咬緊牙關挺過了種種辛苦，不但讓寶寶更健康和聰明，更在不經意間也讓自己更健康和美麗。

哺乳可以幫助媽媽恢復身材

產後媽媽瘦身四大法寶：哺乳、運動、注意飲食、養育寶寶。哺乳非但不會令媽媽身材臃腫，反而會讓媽媽身材更加苗條。澄清此一誤解，相信會堅定更多媽媽實行哺乳的決心。

哺乳期間，媽媽體內的新陳代謝會加快，哺乳期的營養飲食更不會讓媽媽發胖；而且哺乳還會消耗媽媽體內的脂肪，轉化為乳汁來哺餵寶寶。有很多媽媽擔心哺乳會讓自己乳房下垂，這一點確實存在，但即便不哺乳，隨著年齡的增長，在地心引力的作用下，女人的乳房也會下垂。況且，只要哺乳媽媽選擇合適的內衣加以保護，並不會造成太大的影響，貼心的丈夫也不會因此就加以嫌棄。

哺乳可以幫助媽媽子宮復原

產後的第二天，剖腹產後使用的促進子宮收縮的藥物——催產素，讓我異常疼痛，而且每次疼痛時都會感覺到有惡露排出。當天下午我開始給女兒哺乳，當她一吸我的乳頭，我也同樣感覺到有惡露排出，這種神奇現象的原因，就是寶寶在吸吮媽媽乳頭時，可以刺激媽媽體內分泌催產素，幫助子宮收縮。婦產科醫生建議，分娩後三十分鐘之內讓新生兒吸吮乳汁，可促進子宮收縮，減少出血。哺乳可幫助媽媽的子宮恢復到以前大小，還能減少陰道出血，預防貧血。醫學研究顯示，哺乳媽媽的子宮收縮要比非哺乳媽媽更迅速、更徹底。

哺乳讓媽媽遠離疾病

哺乳期內，媽媽的體內保持著較低的雌激素水準，會有一段時間沒有月經。這樣的現象可以降低媽媽罹患尿路感染、骨質疏鬆，以及乳腺癌、卵巢癌等與雌性激素密切相關癌症的機率。乳腺增生是困擾都市女性的常見疾病，透過哺乳可以減輕乳腺增生的症狀，我與身邊的很多哺乳媽媽，在哺乳期後乳腺增生的症狀都獲得很大程度的緩解，懷孕前，每次月經來前乳房脹痛的問題，也都不再出現了。

哺乳是一種天然的避孕方式

哺乳期間，媽媽體內的雌激素保持著較低的水準，不會排卵，也就沒有受孕的可能。一般來說，至少在產後的六個月內，實行純哺乳的媽媽不會懷孕。研究顯示，純母乳餵養的媽媽無月經的時間平均是十四・六個月。但需要注意的是，無月經期間的長短因人而異，媽媽再次正常排卵的時間也不一定，哺乳這一天然的避孕手段也並非絕對安全。

哺乳讓媽媽心情好、皮膚也好

當哺乳媽媽可以熟練地哺乳後，哺餵母乳就是一項很好的放鬆運動。懷抱寶寶，身心放鬆，盡情享受母子的親暱時刻，感受與寶寶之間不需言語、沒有間隙、肌膚相親的溝通。

「母愛荷爾蒙」會讓媽媽心情大好，自然也會容光煥發，哺乳媽媽散發著一種難以形容的美麗。

母乳的優點實在太多。除了上述介紹的優點之外，母乳還有兩個很大的優點，就是經濟、方便。母乳來自媽媽的身體，媽媽只需在飲食稍加注意就可以哺餵寶寶，不需額外的花費，比餵配方奶粉更加省錢。另外，哺乳媽媽不用準備溫水、沖泡奶粉，寶寶餓了，只要露出乳房就能餵哺，寶寶不用等待，媽媽也在某種程度上減少了勞動。

我們不遺餘力地宣導哺乳，介紹母乳的種種好處，母乳天然健康、營養豐富、容易吸收的特點，是最適合寶寶的營養品，能為寶寶和媽媽帶來無法替代的益處。無數哺乳媽媽已經用親身的經歷告訴我們：做一個幸福的哺乳媽媽吧！您一定會有豐富的、難忘的、讓您和孩子受益終身的收穫。

母乳是大自然給予寶寶的恩賜，同時也是給予媽媽的恩賜。身為一個媽媽，我們要珍惜這種恩賜，認真履行這一神聖的、特有的職責，既是對寶寶負責，也是對自己負責。

哪些媽媽不宜哺乳？

雖然母乳是寶寶最好的營養食品，但如果有以下的狀況，需要在醫生的判斷下，再決定是否可以哺乳或哺乳時間的長短：

- 媽媽患有肝炎、肺炎等傳染性疾病時。
- 媽媽服用了哺乳期不宜服用的藥物時。（如果媽媽在哺乳期內生病，切不可自己亂用藥物，需要認真閱讀藥物説明書或者聽取醫生的意見。一旦服用了哺乳期的禁忌藥物，必須立刻停止哺乳，直到醫生許可後再進行。）
- 媽媽患有可能影響哺乳的慢性疾病。（如高血壓、糖尿病、心臟病、腎病等，需要根據醫生的診斷，決定是否能夠哺乳和哺乳時間的長短。）
- 媽媽出現乳頭破潰或者患有乳腺炎。（如果乳頭出血很嚴重時，強行餵奶會非常疼痛並加重病情，而且寶寶吸入血液會刺激腸胃；如果有乳腺炎並伴有高燒，則需要暫停餵奶，待燒退後再進行哺乳。）

※ **特別提示**：如果是媽媽身體的原因而暫停哺乳，應該定時將奶水吸出，才能在身體康復後再順利哺乳。

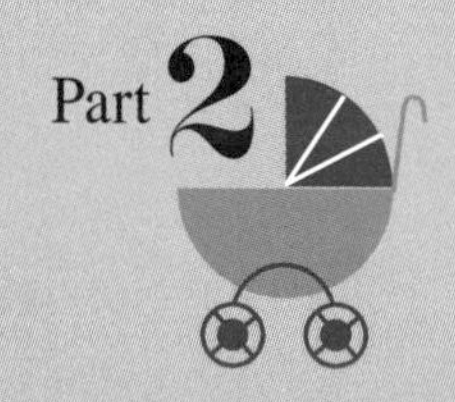

每個媽媽都能成為稱職的「奶媽」

愈來愈多人已經認識到哺餵母乳的重要性和益處，
也有愈來愈多的媽媽立志要做一名合格的哺乳媽媽。
其實，只要身體健康，方法合適，
每個媽媽都能成為稱職的「奶媽」。
在這一篇，我們將帶您認識母乳不足的原因，
以及如何從孕期開始哺乳的準備，如何注意飲食及調適心情，
相信您一定能成為一個快樂的哺乳媽媽！

Chapter 1

母乳不足，究竟是何原因

現代科技的發展，反而讓一些女性的身體機能出現問題，很多媽媽產後用盡各種方法就是無法分泌母乳，這讓很多信仰親自哺乳的媽媽痛苦萬分。與其產後痛苦，不如早早行動起來，一起來看看造成母乳不足的原因究竟有哪些，檢視看看自己有沒有這些問題存在。

- **體內荷爾蒙紊亂**：由於飲食的原因、使用含荷爾蒙的護膚品或者長期服用避孕藥，使女性體內荷爾蒙紊亂，產後無法分泌出泌乳素，而泌乳素是分泌乳汁的重要激素。
- **飲食結構不健康**：很多女性為了追求苗條的身材而置身體健康於不顧，過度節食或偏食，造成脂肪和蛋白質攝取不足，身體的正常機能無法運轉，以至於無法泌乳。
- **心理壓力過大或情緒失調**：現代女性承受愈來愈大的心理壓力，或是因產後抑鬱症狀過於嚴重，都會影響腦下垂體分泌泌乳素，影響乳汁分泌。
- **乳管堵塞**：造成女性乳管堵塞的原因，主要是沒有正確按摩乳房，以及沒有正確或適時讓寶寶吸吮造成乳汁積存，另外當乳房充盈時給予熱敷，反而會造成堵塞。

針對上述四個原因，為了成為一個合格的哺乳媽媽，現代女性應該做到以下四點：

●**適時遠離荷爾蒙：**主張健康飲食，不食用添加荷爾蒙的食品；使用天然健康的護膚產品，孕前半年開始不化濃妝；不濫用避孕藥物，採用其他更健康的避孕方法。

●**科學健康的飲食：**身體健康的女性才是最美麗的！科學飲食、合理安排飲食結構，多吃富含蛋白質、維生素和微量元素的食品，並適度補充脂肪，不僅不會造成身材臃腫，更會因體內營養豐富、充足，不但能擁有健康的身體，還能為孕育下一代、成功哺餵母乳提供保障。

●**保持良好的心態：**要學會及時疏導自己的負面情緒，調整心態。不讓不好的心理狀態和情緒長時間、深度地困擾自己，找到適合自己的放鬆心情的方法。

●**正確選擇內衣：**選擇純棉質的衣物，不穿過緊的內衣，避免乳頭和衣物過度摩擦。內衣要單獨洗滌、確實清潔乾淨。

常聽到這樣的抱怨：「唉！我什麼方法都用過了，就是沒有奶水。」不可否認，不論是出於何種原因，還是有很多媽媽無法哺餵母乳，造成這一現象主要原因可以歸納為以下八個：

● **由於身體因素不能分泌乳汁**：由於體內激素紊亂或乳管閉塞等原因，導致媽媽產後不能分泌乳汁。

● **媽媽與寶寶分離過久，錯過開奶時機**：由於各種原因未能在寶寶出生後立即實行「母嬰同室」，媽媽又沒有及時處理奶水，導致未能順利開奶，出現寶寶不認媽媽乳頭的問題。

● **擔心哺乳限制媽媽的活動自由**：哺乳是媽媽的特惠、特權，但也是無人能替代的責任和甜蜜的負擔。很多媽媽擔心因為哺乳會被「拴死」在寶寶身邊。

● **工作原因不得不放棄哺乳**：由於產假時間受限，很多職場媽媽在工作後就停止了哺乳，或哺乳品質大幅降低。

● **因為疼痛而放棄哺乳**：哺乳有時會造成疼痛，例如乳頭破潰、積乳發燒或者乳腺發炎，這些也是媽媽放棄哺乳的原因。

● **擔心影響身材**：哺乳會造成媽媽身材臃腫和乳房下垂，成為很多愛美女性不願意哺餵母乳的重要原因。

●**對母乳的益處認知不足：**聽信所謂「母乳不如奶粉好」或者「母乳半年後就沒有營養了」一類的謠言，過早停止哺乳。

●**奶粉廣告的誘惑：**「如果奶粉真的比母乳好？那麼就餵奶粉好了！」奶粉廣告的過度宣傳使很多媽媽迷惑。

這些橫亙於媽媽面前的困難重重的大山，我們都能夠巧妙地翻越，成功解決。每個媽媽都應該有足夠的信心，堅信自己的能力，更堅信母乳是最適合寶寶的絕佳營養食品。

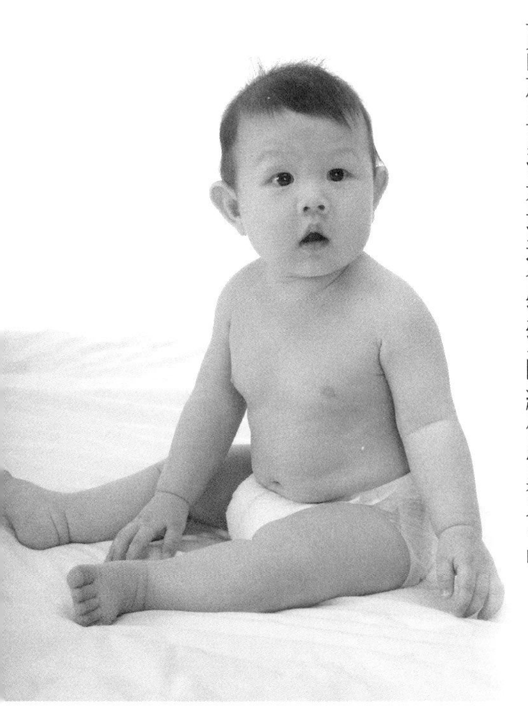

哺乳準備，要從孕期開始

很多人都認為，哺乳是從產後才開始的。其實，要想成為一個合格的哺乳媽媽，懷孕期間裡，準媽媽就應該開始為成功哺乳做些「功課」了。孕期裡，準媽媽不僅要養好身體，保護好自己和寶寶，更要為將來的成功哺乳，做好必要的準備。

除了前文中提到的遠離荷爾蒙、採科學飲食、調整心態、正確選擇內衣外，還應該做好以下的準備：

● **認真做好產前檢查：**有問題立即請教醫生，在醫生的指導下及時排除可能影響哺乳的身體問題。

● **正視乳房的變化：**孕期裡，準媽媽會經歷乳房的二次發育。在荷爾蒙的影響下，乳房會比孕前大，乳暈變大、顏色加深、乳頭變大，並出現很多小孔，乳房會變得不像過去那麼漂亮了。不少人在孕期就會有乳汁分泌，這些都是非常正常的生理現象。準媽媽應該正視這些變化，不要產生心理負擔。

●**避免壓迫乳房**：根據孕期乳房的大小變化選擇合適的內衣，不穿著過緊的內衣，選擇純棉、肩帶略寬的內衣，支撐性較佳。睡眠時也要注意避免壓迫乳房。

●**正確清潔乳房**：使用溫和的沐浴產品，每天清潔乳房和乳頭，避免衣服的纖維堵塞乳頭。

●**增加乳頭韌性**：別看寶寶小，吸吮的力氣可不小，很多哺乳媽媽都有過被寶寶吸破乳頭的經驗，乳頭破潰極易引發乳腺炎，那種痛苦簡直難以言喻。為了杜絕或減少這一情況發生，孕期裡準媽媽就要做好準備，讓自己的乳頭「強壯」起來。清潔乳房後準媽媽可以將嬰兒潤膚油或橄欖油塗在手上，以手溫和的將油脂塗抹到乳頭上，這樣可以滋潤乳頭，增加乳頭韌性。準媽媽還可以手握乾毛巾反覆摩擦乳頭，力道以自己感到有摩擦力又不會疼痛為宜，這樣做也會讓乳頭更加「堅強」。

●**瞭解母乳餵養的有關知識**：準媽媽可在懷孕的這段時間裡，學習有關母乳餵養的知識，如餵養的姿勢、時間、重要性等，正確認識母乳餵養，樹立信心，等寶寶出生後就可以輕鬆應對，順利哺乳。

孕期裡做好關於哺乳的生理、心理、知識準備，等到產後哺乳的時候，就不會手忙腳亂，也就能夠從容地享受您的「奶媽時光」。

正確開奶，邁出哺乳關鍵第一步

經過孕期的精心準備，寶寶生下來之後，就要開始正式哺乳了。媽媽產後需要兩天甚至更長的時間才開始分泌乳汁，在這段時間裡，需要做哪些準備工作呢？

母乳產生的原理

女性在孕期保持著較高的雌激素濃度，在雌激素的作用下乳房會長大，乳管也會生長，這些都是在為將來的哺乳做好「硬體」準備。媽媽產後體內的雌激素濃度會下降，「泌乳素」濃度會增加，泌乳素的作用是刺激乳汁分泌。同時媽媽體內還會產生另一種激素「催產素」，這種激素的作用是推動乳汁流出。泌乳素負責產出乳汁，催產素幫忙運送，兩種激素相互作用、密切配合，寶寶就可以吃到營養美味的母乳了。

由此可見，只要媽媽體內激素變化正常、乳腺通暢、營養儲備充足，都可以順利哺乳。

順利開奶的重要環節

●**讓寶寶盡早吸吮乳頭：**專家指出，媽媽在產後三十分鐘內，就可以讓寶寶開始吸吮乳頭。這時寶寶可能吃不到奶水，但可以增進寶寶和媽媽的親密關係，給寶寶安全感。寶寶吸吮的刺激，也有助於促進媽媽分泌泌乳素和催產素以產生乳汁，吸吮的力量還可以幫助媽媽疏通乳腺，排出乳汁。通常在產後兩天，媽媽就可以順利排乳，開始哺乳。

●**放鬆心情：**剛經歷分娩過程的新手媽媽，可能還不能立刻走出生產痛苦的陰影，同時由於體內激素的變化和角色的轉變，會產生一定的抑鬱情緒。這些都是非常正常的生理和心理變化，不需要過於緊張。但新手媽媽此刻一定要盡量調整心情，以免情緒影響激素的分泌而影響開奶。

●**合理飲食：**產後不宜立刻進補，無論對於產後恢復和哺乳來說都非常重要。產後應該多吃些山楂、紅糖以及富含膠原蛋白的食品，並補充粗纖維。一方面促進傷口癒合，一方面幫助排除惡露，還能疏通乳腺組織。

● **按摩乳房：**和前文介紹的按摩方法一樣，藉由按摩乳房幫助疏通乳腺和排出乳汁。同時可以配合熱敷，效果更好。

開奶時沒有奶水怎麼辦？

實際應用上述的方法之後，一般媽媽通常都可以順利餵奶。如果在開奶中遇到一些困難，過程並不順利，應該怎麼辦呢？

● **及時求助醫生：**產後住院時，應該多向醫生請教關於哺乳的問題，尤其是在開奶時遇到狀況，一定要及時向醫生求助。

● **請專業開奶師幫忙：**現在有一種專業開奶師，可以進行專業按摩和提供有關開奶的技術支援。但如果經過正確按摩及適時讓寶寶吸吮使乳汁通暢，可以減少不必要開銷。

● **藉助寶寶爸爸和吸奶器的力量：**有句俗話叫做「吃奶的力氣都使出來了」，可見對於寶寶來說，吃奶也是一件很費力氣的事。有的寶寶由於身體的原因吸吮能力不夠強，沒有足夠的力氣吸出乳汁，無法給媽媽乳頭足夠的刺激；或媽媽的乳腺不夠通暢，乳汁無法排出，這時就需要藉助外力來幫助媽媽開奶了。這裡所說的外力就是寶寶爸爸和吸奶器，爸爸可以幫助寶寶吸吮媽媽乳頭，只要乳汁能夠順利泌出，爸爸就可以功成身退。使用吸奶器的道理也是一樣。

● **使用乳頭保護器：**儘管孕期已經做了充足的乳房護理，但是寶寶的吸吮力道還是經常會讓媽媽的乳頭異常疼痛，甚至發生破潰。市面上有一種乳頭保護器，仿真效果非常好，不會讓寶寶察覺有異。如果新手媽媽實在被寶寶吸得疼痛難忍，可以間或使用乳頭保護器進行保護，但不宜長期使用，畢竟它不是乳頭，有二次污染的可能。而且媽媽的乳頭也需要加以「磨練」，為長期哺乳打好基礎。

● **寶寶不在身邊也要做好開奶準備：**有的寶寶出生後由於身體原因需要特殊護理，不能實行「母嬰同室」。這時，為了能夠順利實現母乳餵養，媽媽也要自己做好開奶的工作。可以讓寶寶爸爸幫忙或使用吸奶器完成開奶，並且要定時吸出奶水，保證有充足的乳汁迎接寶寶。

開奶的誤解

開奶是整個母乳餵養的開端，開奶的成敗決定著媽媽是否能順利哺乳，但同時要注意到開奶過程中極易產生的兩個誤解：

誤解一 反正寶寶也吸不到，何必讓他那麼早就吸吮乳頭呢？

很多媽媽認定了這個觀點，讓寶寶一出生接觸到的第一個「飯碗」不是媽媽的乳頭，而是冰冷的奶嘴。這樣會令寶寶產生錯亂，不再認媽媽的乳頭，導致媽媽奶水豐沛而寶寶卻不屑一顧的尷尬局面，使母乳餵養徹底失敗。因此一定要讓寶寶先接觸媽媽的乳頭，完成吸吮的過程，讓寶寶對媽媽的乳頭產生認同。而且這時寶寶的吸吮對媽媽的身體恢復來說，也是很有幫助的。

誤解二 哺乳需要大量營養，沒奶水就要大量進補。

很多媽媽為了實現母乳餵養，產後很早就開始進補，以為這樣會有益泌乳，事實上這也是錯誤的觀念。開奶的過程中，要以清淡、粗纖維、活血化瘀的食物為主，幫助乳汁順利排出。如果在還沒有開始泌乳時就大量進補，會造成乳腺堵塞，使乳房內的初乳無法排出，造成開奶困難。等媽媽順利泌乳後，在飲食上再加強營養，提高母乳品質，才是正確的作法。

通常在經過上述環節的努力之後，都可以順利開奶，開始母乳餵養的幸福時光。

珍貴的初乳不可浪費

- 寶寶從出生就開始定時吸吮媽媽的乳頭，不僅可以幫助媽媽順利泌乳，還可以讓寶寶吃到珍貴的初乳。媽媽產後七天內分泌的乳汁叫做初乳，第七至十四天的乳汁稱為過渡乳，十四天後的乳汁為成熟乳。其中初乳營養豐富，稀少珍貴，千萬不要讓寶寶錯過。
- 初乳顏色略黃，濃稠，量少。量雖少，但足夠出生七天內的寶寶食用。初乳中含豐富的蛋白質、免疫球蛋白，維生素A含量也很高，對寶寶非常有益。初乳中乳糖和脂肪含量比成熟乳低，更適合寶寶幼嫩的腸胃。
- 此外，初乳中的乳鐵蛋白和溶菌酶含量大大高於過渡乳和成熟乳，乳鐵蛋白對於預防嬰兒貧血很有幫助；而溶菌酶是嬰兒成長不可缺少的蛋白質，可以保護寶寶腸道及腸道內的有益菌，避免各種感染。
- 從一出生就開始吃母乳的嬰兒，通常不會出現新生兒黃疸症，因為初乳中含有能夠代謝膽紅素的物質。初乳中的生長因數，可促進寶寶腸道發育，還能幫助寶寶減少過敏反應。初乳中白細胞和抗體的含量很多，免疫系統尚未成熟的寶寶，依靠這些白細胞和抗體可以抵抗各種病原體的威脅。最為神奇的是，初乳還能通便，幫助寶寶排出胎便。
- 產後七天內的初乳，是寶寶一生最珍貴的營養食品，一定要盡可能讓寶寶吃到。新手媽媽在開始泌乳之後，要根據寶寶的需要定期哺乳，不浪費一滴珍貴的母乳。
- 有的寶寶由於身體原因需要特殊護理，不能留在媽媽身邊。這時媽媽可以用吸奶器將初乳吸出交給護理人員，請他們幫忙餵給寶寶。

優質母乳吃出來

優質母乳需要豐富的營養作後盾，哺乳媽媽要用健康、合理的飲食給身體足夠的營養，才能保證乳汁的養分能提供寶寶成長所需。哺乳媽媽該如何正確飲食才能保證奶水豐沛、營養全面呢？

開奶階段的飲食要點

開奶階段的飲食以排淤、疏通為主，目的是讓奶水盡快充足以便開始哺乳。這時不宜食用過多補品和湯水類食物，以免乳腺尚未通暢時引起乳汁淤積，造成不必要的痛苦。

此階段的飲食要清淡、好吸收，營養豐富不油膩，不宜過硬，流質或半流質食物是不錯的選擇，以下推薦幾種食物：

● **牛奶和優酪乳：**富含鈣質、蛋白質，營養均衡又好吸收。但是要注意優酪乳要放到合適的溫度再食用，不可過涼。牛奶則最好溫熱後食用，避免刺激腸胃。

●**豆漿：**豆漿營養豐富，還能幫助調節女性體內的激素。

●**蒸蛋：**易吸收，營養豐富。

●**紅糖水煮蛋：**紅糖水活血化瘀，加入雞蛋同食可補充營養。

●**小米粥：**小米是有助產後恢復的極佳食品。可在小米粥裡加入紅糖、山藥、玉米、紅豆、紅棗等一起熬煮，更有活血排淤的作用。

●**新鮮蔬菜：**補充維生素、微量元素及纖維素，有助於開奶，還能防止便祕。

●**溫性水果：**不吃過於寒涼和熱性的水果，蘋果、香蕉、柳丁等常見水果都不錯，可以補充維生素，防止便祕。

開奶後的飲食要點

成功開奶後，哺乳媽媽的飲食需要根據身體情況進行調整，要做到健康均衡、營養豐富。哺乳媽媽的飲食應該注意以下幾點：

● **營養豐富均衡：**主食、副食要搭配均衡，品種豐富。主食粗糧、細糧都不可少；副食要豐富多樣，不可偏食、挑食。

● **少量多餐：**哺乳媽媽應該少量多餐，減少腸胃負擔，便於營養吸收，有助於乳汁分泌。

● **攝取充足蛋白質：**哺乳媽媽需要攝取足夠的蛋白質，母乳中才能含有豐富的蛋白質供寶寶生長，雞蛋、牛奶、堅果、豆類、豆製品的蛋白質含量都很豐富。

● **鈣質不可少：**哺乳媽媽對鈣質的需要量很大，應該注意從飲食中攝取足夠的鈣質。豆類食品和豆製品、牛奶、優酪乳、高麗菜、花椰菜、西蘭花、芥蘭、綠葉蔬菜、芝麻，以及堅果類的含鈣量都很豐富。

● **保證鐵的攝取：**哺乳媽媽要保證鐵質的攝取，防止自己和寶寶出現貧血。菠菜、乳製品、全麥麵包、豆類、豆製品、芝麻、乳製品、雞蛋都是不錯的選擇。

蔬菜、水果適量吃：富含豐富的維生素和微量元素的蔬菜、水果，是哺乳媽媽的必備食品，蔬菜、水果選擇新鮮的，食用時不可貪涼。

烹調方法要科學：盡量不用油炸的方式烹調，以蒸、煮、炒、燉的方法處理食物較佳。

控制鹽分攝取：哺乳媽媽飲食中的鹽分過多，會讓寶寶攝取過多的鹽分，鹽中的鈉含量過高，會造成寶寶腎臟負擔過重，不利於生長發育。哺乳媽媽應該注意不食用過多的鹽分，不吃鹽漬食品，但也無須飲食中完全不加鹽，只要在科學合理範圍內即可。

足夠的水分：哺乳媽媽每日要攝取足夠的水分，才能分泌出足夠的乳汁。飲食中可以多喝湯、牛奶、豆漿等，也可多喝白開水。

哺乳期飲食的宜與忌

有很多食品有催乳的作用，如果媽媽感覺自己乳汁分泌不足，可以食用一些，例如：金針、茭白筍、萵筍、豌豆、豆腐、花生、黑芝麻、絲瓜等，都是很好的催乳素食。

此外，哺乳媽媽在飲食上有一些禁忌需要特別注意：

● **忌辛辣刺激：**辛辣刺激的食物會直接影響母乳品質，影響寶寶健康。

● **忌高脂肪飲食：**飲食中脂肪含量過高會引起寶寶腹瀉，也不利於媽媽產後恢復身材，適量攝取即可。

● **忌含添加劑的食品：**過多的添加劑會影響寶寶的身體和智力發育，而且對媽媽的健康也沒有好處。

● **忌寒涼食物：**即使出了月子，哺乳媽媽也應該注意不可食用寒涼食物，避免影響乳汁的分泌與品質，以及造成寶寶腹瀉。

● **忌咖啡因：**咖啡因會造成寶寶躁動，影響寶寶發育。

● **忌退奶食物：**麥芽、花椒、八角、味精、豆角、茶葉、韭菜、豆豉、茴香、人參、冬菇、醋等食品具有退奶作用，不過退奶食品因人而異，有些不大量食用並不會引發退奶。哺乳媽媽在飲食上需要留意，尤其是奶水少的媽媽更應該多加注意。

Chapter 5 科學按摩助您乳汁豐沛

孕期裡和開奶時適當按摩乳房，可以幫助順利哺乳。開始哺乳後，也要養成按摩乳房的好習慣，讓乳汁更加豐沛，哺乳更加順利。

適當的按摩可以幫助乳腺疏通，給予足夠的刺激，有助於乳汁分泌，幫助乳汁湧出，減少寶寶吸吮的難度，並防止媽媽乳頭受傷。

媽媽也可以根據自己的感受進行按摩，只要能達到疏通乳腺和刺激泌乳的作用就可以了。按摩後如果有乳汁溢出，就可以給寶寶餵奶了。

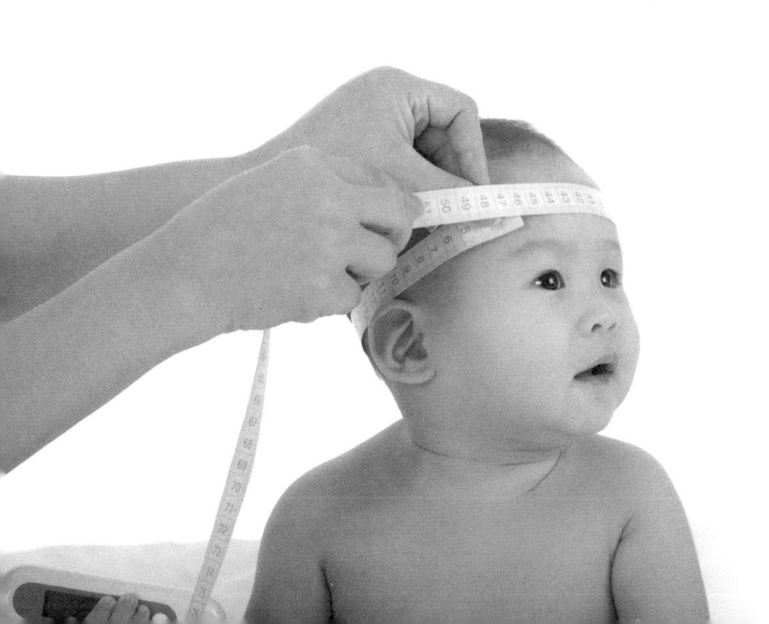

乳房按摩的方法

方法一

一隻手輕輕托住乳房，另一隻手環繞乳房輕輕按摩，然後換另一邊。

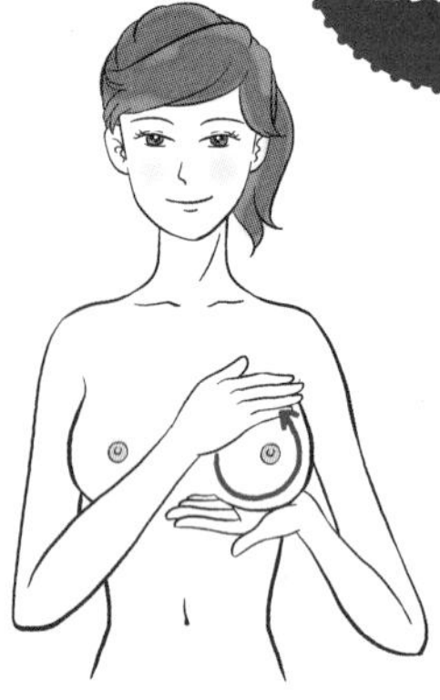

方法二

雙手托住乳房根部，手掌向乳頭方向稍微用力牽拉。

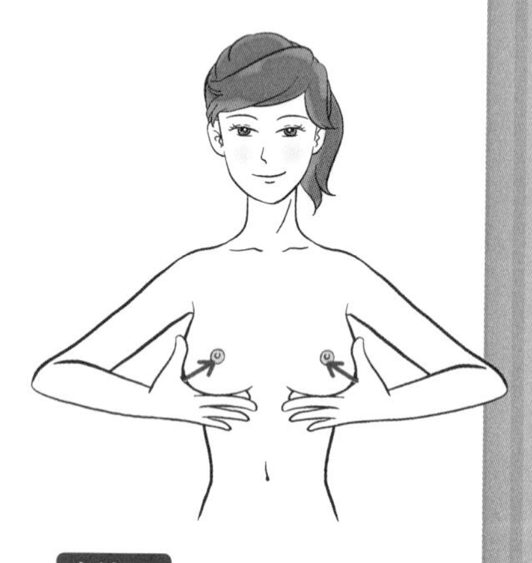

方法三

雙手輕柔的從乳房任意位置開始揉搓，感覺溫熱後換個位置繼續揉搓，直至揉搓完乳房全部位置，力道以自己感覺舒適為宜。

方法四

雙手輕輕地自乳房根部向乳頭方向呈直線按摩（揉搓、牽拉、點壓都可），直至覆蓋全部乳房。

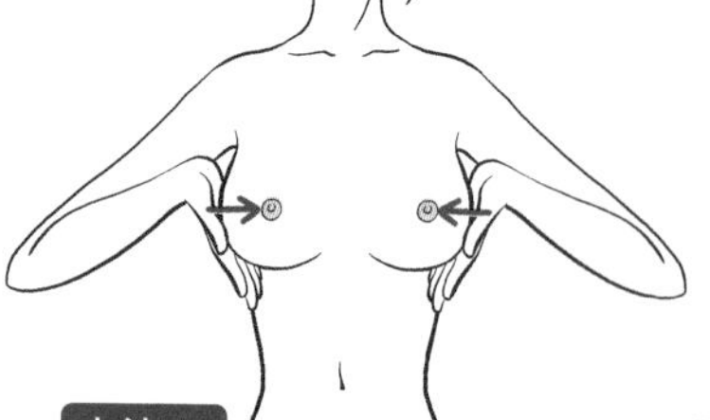

方法五

用手指捏住乳頭向上牽拉。

乳房按摩的注意事項

● **按摩時手要溫熱：**進行乳房按摩時手部一定要溫熱，不可過涼。溫熱的手可以幫助乳腺打開，有助疏通乳腺和乳汁分泌。如果手部溫度過低會刺激乳腺收縮，導致相反的作用。

● **按摩時手要保持清潔：**進行乳房按摩時一定要做好手部的清潔，避免乳房和乳頭被細菌或黴菌感染。

● **按摩時力道要適中：**按摩時要根據自己的需要調整力道，力道過小達不到按摩的效果，過大則會傷害乳腺。

● **按摩不可過量：**不需每次哺乳前都進行按摩，每天進行二至三次，每次十分鐘左右即可。要給予乳房休息的時間，過度按摩會傷害乳腺，並形成依賴。

● **按摩可以請丈夫幫忙：**如果媽媽感覺自己按摩過於疲勞或不順手，可以請丈夫幫忙。但丈夫一定要根據妻子的情況調整好力道，避免用力過大造成疼痛。

快樂心情助您哺乳順利

媽媽的情緒會大大地影響母乳的品質，情緒低落、心理壓力過大會影響泌乳素、催產素的分泌；此外還會影響腸胃功能，阻礙營養物質的吸收，造成母乳品質下降。

影響母乳媽媽情緒的原因

很多女性都會在哺乳期間經歷不同程度的心理和情緒困擾，這是很常見也很正常的現象，造成情緒問題的主要原因如下：

- **荷爾蒙的變化**：產後雌激素濃度急劇下降，會讓新手媽媽產生情緒抑鬱的變化。
- **對身分轉變的不適應**：剛當媽媽的女性，心理會產生恐慌和不適應，引起情緒變化。
- **對哺乳狀況不滿意**：很多新手媽媽擔心母乳品質不佳與不足，造成心理壓力過大。
- **睡眠不足**：照顧寶寶的工作繁重，夜裡要多次起來哺乳，睡眠不足、過於疲勞，會直接影響情緒。

● **其他影響情緒的因素**：婆媳問題、夫妻關係問題、擔心事業受影響，以及其他一些家庭問題，也會影響媽媽的情緒。

做個快樂的哺乳媽媽

針對上述影響情緒的原因，要學會及時調整自己的心情，排遣不良情緒的干擾，做個快樂的哺乳媽媽。

● **正視產後抑鬱**：很多新手媽媽對產後抑鬱過分在意，反而造成惡性循環：情緒愈來愈差，症狀愈來愈嚴重。其實產後抑鬱是很正常的生理和心理變化，新手媽媽要正確面對，理性化解，不要認為自己不正常。

● **堅定哺乳的信心**：一般身體健康的女性都可以實行哺乳，只要媽媽營養均衡，母乳也會非常健康，給寶寶足夠的生長支援。媽媽不要過度糾結於「母乳好不好」、「母乳夠不夠」的問題，與其擔心煩惱，不如付諸行動，從各方面調整自己的飲食、作息，使用科學的方法提高母乳的質和量。

● **相信自己**：要相信自己能做一個好媽媽，可以透過書籍和網路豐富育兒知識，也可以多向身邊有經驗的媽媽請教。

●**適當安排休息：**哺乳媽媽確實很辛苦，尤其是夜裡要經常起來餵奶，睡眠品質難以維持。為了身體健康，媽媽可以在白天寶寶睡覺時補充睡眠，也可以讓家人分擔一些家務。如果實在太累，可以請保母或鐘點家傭幫忙。總之要適時充分的休息，身體的舒適會讓媽媽保持良好的心情。

●**學會疏導情緒：**不如意的事情總會發生，哺乳媽媽要學會對一些可能引起情緒不滿的、不重要的事情視而不見，把不開心的問題看淡一些。要學會向信任的人傾訴，別人的同情和勸解可以給自己力量。有時也可請丈夫或其他人幫忙照看孩子，自己出去逛逛街、看看電影，來調節心情。也可以聽一些輕柔的音樂放鬆自己，同時也對寶寶進行音樂啟蒙。天氣好時可以帶著寶寶到外面呼吸新鮮空氣，稍微曬曬太陽，對自己和寶寶都非常有利。

媽媽的情緒往往會影響寶寶的情緒，做一個快樂的哺乳媽媽，對媽媽和寶寶都意義重大。尋找各種適合自己的放鬆心情、調整心理的方法，只要能讓自己開朗、快樂，就是適合自己的好方法。

Chapter 7

擁有充足奶水的祕密武器——吸奶器

想讓母乳愈來愈多，還有一個祕密武器可以使用，就是吸奶器。乳汁的產生受腦下垂體分泌的泌乳素影響，乳汁排出愈多，就會產生更多的泌乳素，分泌出更多的乳汁。乳汁沒有排空，泌乳素分泌就會減少，乳汁就會減少甚至退奶。因此排淨乳房內的乳汁，不僅能避免積乳和乳腺炎，還能讓乳汁保持充足，甚至愈來愈多。

吸奶器可以協助排空乳房，讓媽媽的奶水慢慢多起來。此外，對於吸吮力小的寶寶和奶量較少的媽媽來說，可以調高吸奶器的強度，加大對乳頭的刺激，達到刺激泌乳的作用。

吸奶器是很多哺乳媽媽都會用到的哺乳輔助工具，有手動和電動兩種。手動吸奶器的優點是可以自己調節力道和角度、輕便又好拿；缺點是費力氣。電動吸奶器的優點則是省力，吸奶效果好，缺點是價格較高，偏重一些。媽媽可以根據自己的經濟情況、奶量情況加以選擇，特別推薦奶多的媽媽使用電動吸奶器，省力又方便。

吸奶器除了可以讓乳汁豐沛外，當媽媽和寶寶分離時，或媽媽出現乳頭破潰、乳腺炎時，及職場媽媽需上班等各種無法親自哺乳的情況出現時，吸奶器也是媽媽儲集乳汁、排出乳汁的絕佳幫手。

使用吸奶器須注意以下幾個要點：

●**吸奶器要保持清潔：**使用後要及時、徹底清潔，使用化學類清潔劑清洗後要注意沖洗乾淨，並進行高溫消毒。消毒後要自然風乾，二十四小時內如沒有使用，再次使用前要再消毒。

●**使用時不可用力過大：**使用時要根據自己的乳房情況調節力道。有的媽媽認為力道愈大泌乳愈多、吸奶愈多，結果卻造成疼痛甚至乳頭損傷。

●**不可過度依賴吸奶器：**有些媽媽喜歡用吸奶器將奶水吸出裝進奶瓶裡餵寶寶，但這裡並不建議媽媽過度依賴吸奶器。因為直接哺乳不僅可以避免二次污染，還可以增進寶寶和媽媽的親密關係。因此除非迫不得已，最好還是直接哺乳。

新手媽媽百寶箱

如何擁有充足的奶水

・避免乳頭受傷

寶寶吸吮不當、過度按摩和吸奶器力道過大都會造成乳頭受傷。乳頭受傷會造成媽媽身體上的痛苦，破潰的傷口也會增加罹患乳腺炎的風險。乳頭受傷後影響餵奶，也會影響母乳的產量。哺乳媽媽一定要注意保護好自己的乳頭，配合使用乳頭保護器。一旦發生乳頭破潰，要特別注意衛生，同時注意定時以較不痛苦的方法吸奶，以防止奶水減少。

・兩邊乳房都要餵

有的媽媽由於哺乳姿勢或單側乳頭凹陷等原因，習慣餵寶寶一側乳房，造成另一側乳房乳汁減少，還會引起兩側乳房大小不同的問題。哺乳時兩邊乳房都要餵，兩側乳房才會均衡，而且奶水量才會夠多。

・讓寶寶多吸吮

乳汁的產生是個神奇的過程，寶寶的吸吮會刺激媽媽產生泌乳素，幫助乳汁分泌、乳腺暢通，因此讓寶寶多吸吮是媽媽奶水充足的最佳方法。

・注意排空乳房

無法進行哺乳時，要注意定時吸奶、排空乳房。有的媽媽母乳過多寶寶吃不完，哺乳後也要使用吸奶器或以手擠奶排空乳房。這樣做可以避免出現積乳、奶量減少，還能確保寶寶每次吃到的都是最新鮮、健康的母乳。

Part 3

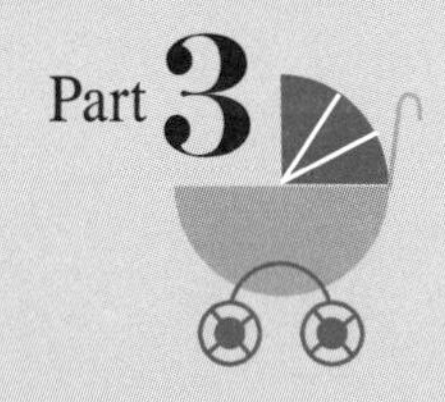

做個稱職「奶媽」的私房祕笈

有人會說：哺乳有那麼困難嗎？

不就是把乳頭放進寶寶嘴裡，餓了就吃啦！

其實，哺乳看似簡單，但其中的方法和訣竅很多，

如果方法不當，不但會讓媽媽非常辛苦，

寶寶還不一定能保證吃得飽、吃得好。

怎麼做才能讓哺乳成為一件快樂的事情呢？

怎麼樣才能讓寶寶吃得好，媽媽又輕鬆、快樂呢？

在這一篇，我們將介紹一些有關哺乳的方法，

讓哺乳成為一件很輕鬆、很愜意的事。

哺乳的正確步驟

合理的哺乳步驟，不但能讓哺乳的過程更潔淨衛生，也能讓整個哺乳過程更輕鬆，媽媽和寶寶更能享受這美妙的過程。

步驟1 清潔雙手及乳房

哺乳前，媽媽要用溫水清潔雙手，如果有使用化學清潔劑一定要沖洗乾淨。然後用溫熱的毛巾擦拭乳頭及乳暈，力道要適中。哺乳時，媽媽的手和乳房一定要保持溫熱，這樣寶寶吃奶時才會感覺很舒適。

步驟2 雙手按摩乳房

以溫熱的雙手溫柔地按摩乳房，促進乳汁分泌。

步驟3 抱起寶寶，選擇舒服的哺乳姿勢

抱起寶寶，選擇媽媽和寶寶都適合的哺乳姿勢。如果媽媽因為剛剛生產或其他原因體質較虛弱，可以由家人幫忙抱寶寶過來哺乳。

步驟4 托起乳房

四指併攏，大拇指張開，自乳房下方向上托起乳房。如果媽媽的奶水較多，可以用中指和食指呈剪刀狀夾起乳暈，控制母乳排出的量，避免奶水過多嗆到寶寶。

步驟5 引起寶寶覓食反射

以乳頭輕碰寶寶嘴脣，寶寶就會引起覓食反射，自己會張開嘴尋找乳頭。這時，輕輕將乳頭和絕大部分乳暈放入寶寶口中。盡量讓寶寶多含乳暈，不要讓寶寶只吸吮乳頭，這樣可以避免乳頭受傷。

步驟6 輕輕向後退五毫米

待寶寶含住乳頭和乳暈後，媽媽可以輕輕挪動身體，讓乳房向後退五毫米。這樣做的目的是將乳腺管拉直，便於寶寶吸吮和乳汁的排出。

步驟7 溫柔的注視寶寶

以溫柔的目光和寶寶進行交流，讓寶寶感受到濃濃的母愛。哺乳的時間是媽媽和寶寶進行親子交流的最佳時刻，千萬不要浪費這段寶貴的時光。

步驟8 吸空一側乳房換另一側

讓寶寶吸空一側乳房後，再換另一側。下一次哺乳時，則從後餵的乳房開始餵奶。換另一側的乳房時，媽媽要把手指輕輕放入寶寶口中，打斷寶寶吃奶，然後抽出乳頭。重複第五步驟引起寶寶覓食反射，再將另一側乳頭和乳暈放入寶寶口中。切記不可強行抽出乳頭，以免乳頭受傷。一定要注意兩邊乳房要輪流哺乳，這樣才可以保持奶水充足，並且避免兩邊乳房出現大小不一樣等問題。有的媽媽因為乳頭缺陷或是有習慣的哺乳姿勢，喜歡只餵一側，這樣對長期哺乳沒有好處。

步驟9 寶寶吐出乳頭

寶寶吃飽後，會自覺鬆口並吐出乳頭，這是寶寶吃飽後的自然反應，這時乳頭就會自然從寶寶口中脫出。

步驟10 給寶寶拍嗝

餵奶後，媽媽要將寶寶豎著抱起，將寶寶的頭輕輕放在自己肩頭。五指併攏，手掌呈拱形，自寶寶腰部向上拍背，一直拍到脖根的位置。如果寶寶吃奶時睡著了，考慮到人體氣管位置，則

要注意讓寶寶右側臥，避免寶寶吐奶嗆入氣管。

步驟11 **將乳汁抹在乳頭**

哺乳後，將剩餘的乳汁擠出一些抹在乳頭，然後讓乳頭自然風乾，這是對乳頭最好的保護，可以防止乳頭龜裂並滋潤乳頭的皮膚。

步驟12 **排空乳房**

如果寶寶吃飽後，乳房內還有剩餘的乳汁，則要用吸奶器或用手將乳汁擠出，讓乳房排空。

完成上述十二個步驟，一次完美的哺乳就結束了。使用這樣的方法給寶寶餵奶，不但可以保證衛生、安全，還會讓媽媽和寶寶都非常舒適。

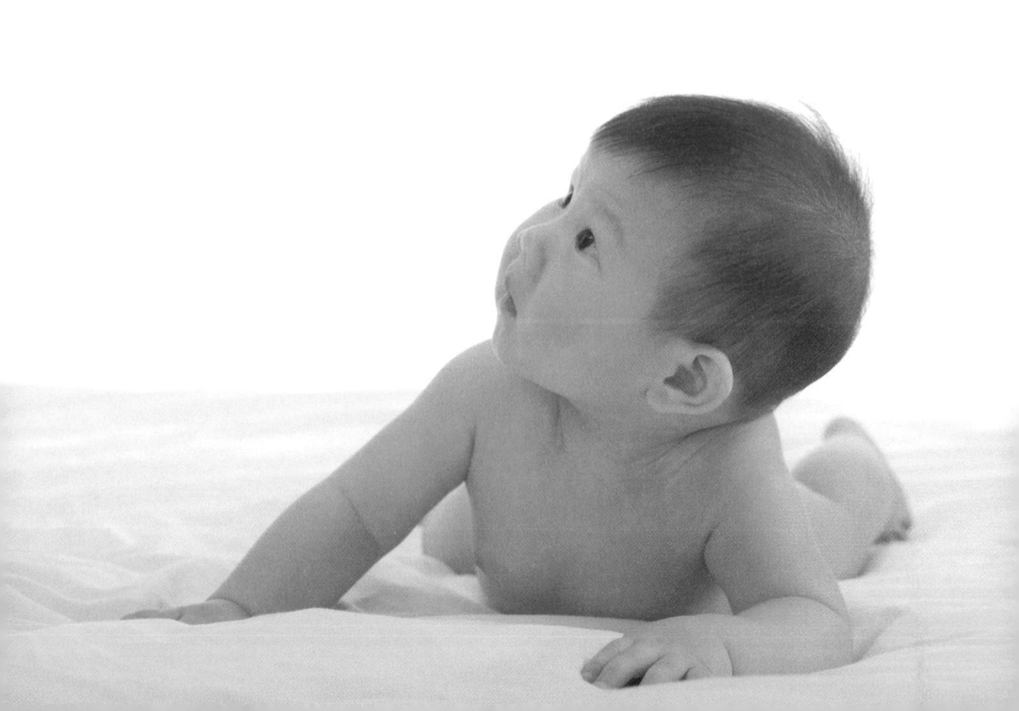

新手媽媽百寶箱

哺乳後拍嗝很重要

• 寶寶吃奶時，會吸入一些空氣到胃裡。因此寶寶吃奶後，一定要幫寶寶拍背，讓寶寶透過打嗝的方式排出多餘的氣體。否則由於寶寶胃部尚未發育完全，很容易吐奶。如果吐奶時正巧是仰臥或左側臥的姿勢，則有可能將吐出來的奶水吸入呼吸道，嚴重時甚至會造成生命危險。

• 需要注意的是，並非每次拍背寶寶都會打嗝，如果用上述的拍背方法沒有讓寶寶打嗝，則需要將寶寶豎抱二十至三十分鐘，月齡小的寶寶在豎抱時務必將寶寶的頭部支撐好，以免傷害寶寶的頸椎。

• 如果寶寶沒有打嗝，要盡量讓寶寶保持右側臥，並且最好多陪伴寶寶一些時間，避免發生危險。為讓寶寶保持右側臥，可先將寶寶輕輕扶至右側臥的姿勢，然後在寶寶背後放一個柔軟度適中的枕頭，既不會讓寶寶感到不適，也不會讓寶寶很輕易回復到仰臥的姿勢。

奶陣出現怎麼辦？

・什麼是奶陣？

哺乳媽媽有時會感覺乳腺膨脹並伴有脹痛感，乳房發硬，大量產生乳汁，並可以看到乳汁呈噴射狀或非常快速地流出，這就是「奶陣」。奶陣的發生是由於寶寶吸吮的刺激、即將餵奶時的反射，或聽到寶寶哭泣和思念寶寶時體內「母愛荷爾蒙」分泌的結果。

在奶陣出現時餵奶，容易讓吸吮能力不強的寶寶發生嗆奶。這時，媽媽應該用中指和食指呈剪刀狀夾住乳暈，控制奶水量，避免嗆到寶寶。

・餵奶時另一側乳房分泌奶水怎麼辦？

很多奶水充足的媽媽在奶陣出現的時候，另一側乳房也會分泌出乳汁，流到媽媽、寶寶的衣服上、床單上或其他地方，是件很令人頭疼的事情。

因此媽媽在餵奶前，可以準備一條乾毛巾墊在另一側乳房的下方，吸淨流出的乳汁。也可以用手指蘸著流出的乳汁，輕輕塗抹在寶寶的臉上，這是對寶寶皮膚非常好的母乳「facial」，讓寶寶皮膚更加健康白嫩。

Chapter 2

正確的姿勢，讓哺乳過程輕鬆又愉快

選對哺乳姿勢，不但可以讓寶寶吃得舒服，還可以避免媽媽出現腰背疼痛、頸椎病等問題，讓媽媽餵得輕鬆，寶寶吃得順利。

一般常用的哺乳姿勢有哪幾種呢？

第一式：搖籃式

將寶寶橫抱在自己的腿上，面向自己，寶寶的頭靠在自己的手肘內側，媽媽的前臂和手沿著寶寶後背一直伸到寶寶的腰部，支撐好寶寶的脖子、背部以及腰部，並用同側乳房哺乳。另一隻手要輕輕托住乳房，方便寶寶的吸吮。

這是一般媽媽最常用也是最經典的哺乳姿勢，這種姿勢只需露出一側乳房即可，適合外出哺乳時採用。但對於剖腹產手術傷口還沒恢復的媽媽來說，這個姿勢對於腹部的壓力過大，應該等傷口恢復後再採用。

第二式：交叉式

這種姿勢也叫做「交叉搖籃式」，與搖籃式很接近。都是將寶寶橫抱在身前，面向自己。與搖籃式姿勢不同之處在於，是以哺乳所用乳房對側的手臂來支撐寶寶的身體。比如以右側乳房餵奶，寶寶的頭部放在右側乳房旁邊，媽媽的左臂自寶寶腰部伸向寶寶頭部，並用手托住寶寶頭部。媽媽可以用右手配合左手托住寶寶頭部。

這種姿勢和搖籃式相比，更適合剛剛出

生不久的寶寶，媽媽可以自己的手移動寶寶頭部的位置，幫助寶寶尋找乳頭，可以透過手上下移動協助寶寶吸住乳頭。

第三式：橄欖球式

像運動員夾橄欖球一樣把寶寶夾在自己的胳膊下方，因此，這種姿勢被叫做「橄欖球式」。

媽媽坐好後將寶寶夾在一側胳膊下方，寶寶頭部靠近乳頭，腳在您的身體外側。用同側手臂支撐寶寶的身體，以手托住寶寶的頭。另一隻手可以托住乳房，便於寶寶吸吮。

這種姿勢非常適合剖腹產的媽媽使用，可以大大地減輕腹部的壓力。在奶水較多時，這個姿勢便於媽媽調整乳房的形狀，讓寶寶順利吃到奶。

選擇舒適的椅子

上述三種姿勢都是坐姿，因此選擇一張好椅子非常重要，以下提供**三種建議供參考：**

- **選擇高低適中的椅子或沙發，要有靠背**

  媽媽舒服地坐在椅子上，注意要坐到椅子根部，使自己的後背能適切地貼合椅背，不要選擇椅背後仰的椅子。

- **選擇有扶手的椅子**

  最好是柔軟度適中、左右都有扶手的單人沙發。在使用搖籃式和交叉式哺乳時，媽媽可以將手肘放在扶手上以減輕壓力，使用橄欖球式時，可以將寶寶的腿和屁股輕靠在柔軟的扶手上，然後用手臂支撐住寶寶腰部以上的位置。

- **適當地墊高腳部**

  在使用搖籃式和交叉式哺乳時，媽媽可以根據自己的身高、椅子高度的實際情況，用茶几、咖啡桌或小椅子將腳墊高，但注意腿不要伸直，要屈膝使大腿和身體保持在一個合理的角度，媽媽的手臂可以放在腿上，讓哺乳更加輕鬆。

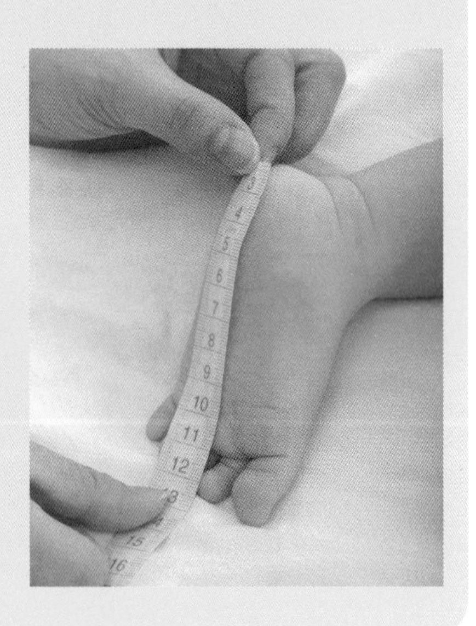

第四式：側臥式

這是一種很舒服，很輕鬆的哺乳姿勢，因為媽媽和寶寶都是躺著的姿勢，躺著就可以完成哺乳，相當輕鬆。媽媽和寶寶面對面側躺在床上，寶寶頭部可以以小枕頭支托，不建議躺在媽媽的臂彎上，嘴和乳頭在同一高度。媽媽的另一隻手輕輕托住寶寶腰部，給寶寶腰部一定的支撐，寶寶就可以順利吃奶了。

這種姿勢適合夜裡使用，寶寶和媽媽不用起床就可以完成哺乳。對於月齡較小、側躺有困難的寶寶，媽媽可以將寶寶扶至側臥後，在寶寶背後墊上一個枕頭。需要注意的是，由於這個姿勢很輕鬆，勞累的媽媽很容易在哺乳中昏沉睡去，媒體曾經報導有媽媽因哺乳時睡著，乳房壓住寶寶口鼻造成寶寶窒息死亡，以及寶寶嗆奶造成窒息的不幸事件，因此媽媽哺乳時一定要保持清醒。

究竟哪種哺乳姿勢適合我呢？

- 前文介紹了四種哺乳姿勢，媽媽們該如何選擇適合自己的哺乳姿勢呢？
- 哺乳姿勢無所謂好與壞，適合自己的就是最好的。筆者給女兒哺乳時，採用最多的就是側躺的姿勢，這個姿勢很輕鬆，一點都不累，我們母女配合得很好。
- 媽媽可以根據自己的身體情況、行為習慣、寶寶的身體情況、吸吮能力等，選擇適合自己的哺乳姿勢。通常媽媽和寶寶經過短時間的磨合，就能找到合適的哺乳姿勢了。

使用枕頭、靠墊等幫忙哺乳

- 上文中提到採用側躺式哺乳時，媽媽可以將枕頭放在寶寶身後幫助寶寶保持側躺的姿勢。其實不論採用何種哺乳姿勢，都可以巧妙利用枕頭、靠墊讓哺乳更加舒適。
- 身材較高的媽媽採用搖籃式、交叉式哺乳時，要將手臂抬高才能將寶寶的嘴靠近乳房，這個姿勢久了會非常累，這時可以在腿上放一個枕頭或靠墊，將手臂放在上面，配合墊高腳部，就可以減輕胳膊的壓力。
- 市面上還有哺乳專用的枕頭，使用起來也非常方便，媽媽們可以根據自己的需要選擇使用。

Chapter 3

哺乳的時間頻率

很多人都認為寶寶應該按時吃飯，所以就定時哺乳。筆者有一個朋友，因為恪守「新生兒兩個小時餵奶一次」的教條規定，半夜起來給孩子餵母乳，孩子睡著不醒，就用彈腳心、捏小手等「霸道」的方法叫醒寶寶，目的就是為了給孩子餵母乳，結果就是大人半夜三更無法睡覺，寶寶也因為被叫醒而哇哇大哭。

有的媽媽遵從多大的寶寶應該多久吃一次奶的規定，堅持「按時哺乳」，不到時間不餵奶，即使孩子餓了、即使自己奶漲了也不給孩子餵奶，一切以時間為準繩，結果弄得媽媽和寶寶都很緊張，既影響了媽媽的母乳品質和產量，還影響了寶寶的成長發育，最嚴重的還會造成哺乳失敗。

餵養母乳應該實行「按需哺乳」

所謂按需哺乳，就是寶寶餓了，或是媽媽漲奶了寶寶又想吃，就可以餵奶，不用按照時間規定。按需哺乳，是最合乎自然，也是對媽媽和寶寶都有好處的餵養方式。

● **按需哺乳有助於寶寶的消化吸收：**根據寶寶的饑餓需求進行哺乳，寶寶胃中的奶水已經消化吸收完畢，這時吃奶，奶水中的營養物質可以充分被寶寶的腸胃吸收。

● **按需哺乳有助於預防肥胖症：**減肥應該少量多餐，絕不應該在不餓時進食，這個道理同樣適用於寶寶。按需哺乳可以讓營養物質恰到好處地消化吸收，需要多少吃多少，不會缺乏也不會浪費，不會有多餘熱量在體內積存，造成寶寶的肥胖。

● **按需哺乳有助於母乳分泌：**寶寶的吸吮可以讓媽媽乳汁豐沛，尤其是剛剛出生的寶寶，由於胃容量小，吃奶次數會很頻繁，剛生產的媽媽奶水也不會

新手媽媽 百寶箱

按需哺乳應該尊重寶寶和媽媽的需要

提到「按需哺乳」，人們很容易想到的是「寶寶的需要」，而忽略「媽媽的需要」。母乳餵養實際上考慮的是媽媽和寶寶雙方面的需要，即：寶寶餓了就哺乳，媽媽感到漲奶了而寶寶又肯吃，就哺乳。

很多，透過寶寶的不斷吸吮可以刺激媽媽腦下垂體分泌泌乳素及催產素，讓乳汁愈來愈多。

● **按需哺乳能避免積乳**：寶寶餓了就餵奶，媽媽漲奶了就餵奶，這樣可以讓乳房中不積存乳汁，及時排空，避免積乳，甚至罹患乳腺炎。

實行「按需哺乳」常常會遇到的問題

Q1 寶寶吃奶太頻繁了，怎麼辦？

新生兒吃奶頻繁是非常正常的，寶寶胃容量小且吸吮能力有限，通常一、二個小時就需要哺餵一次。但隨著寶寶年齡增長，胃容量增大、吸吮能力加強，自然而然就會延長吃奶的間隔時間。剛剛開始哺乳時，媽媽會比較辛苦，隨著寶寶長大會慢慢好轉，並形成規律的吃奶時間表，媽媽也漸漸能掌握寶寶的時間規律來哺乳。

Q2 寶寶夜裡吃奶次數下降，會影響生長發育嗎？

有的媽媽會發現，寶寶白天約兩個小時吃一次奶，但夜裡頻率就下降，因擔心會影響寶寶發育，而在夜裡多次把寶寶叫醒餵奶。

其實，睡眠對於寶寶的成長發育也非常重要，不應該輕易打擾寶寶的睡眠。寶寶睡眠時的新陳代謝減弱，吃奶次數減少是非常正常的。但需要注意的是，新生兒由於食量有限，為了避免寶寶出現低血糖，夜裡至少應該吃兩次奶，建議把寶寶的睡眠時間平均分成三份，在睡眠時間的三分之一和三分之二的時間點各餵奶一次。隨著寶寶長大，胃容量增加和消化吸收功能的完善，可以根據寶寶的身體情況調整夜奶的時間和頻率。

當然，如果夜裡寶寶餓了，就需要立刻餵奶。

需要提醒一下母乳量較多的媽媽，如果寶寶夜間吃奶較少，一定要注意夜裡起來吸出奶水，避免造成積乳發炎。

Q3 寶寶是要吃奶還是迷戀媽媽的乳頭？

有時候寶寶要吃奶，卻吃兩口就不吃了，或者吃著吃著很快就睡著了，不久就醒來又要吃奶。這種情況，多半寶寶並不餓，而是迷戀吸吮著媽媽乳頭、和媽媽親暱的感覺。不斷地要求吃奶，寶寶會感覺到很滿足，但媽媽卻會很疲勞。

遇到這樣的問題，媽媽應該盡量滿足寶寶的需求，這樣對寶寶的心理發育比較好，可以讓寶寶感受到安全感。如果媽媽實在應付不了，也可以用別的方式來安撫寶寶，例如多抱抱寶寶，唱唱兒歌、念童謠或者出門散步。

Q4 媽媽漲奶了，寶寶不吃怎麼辦？

我們先來解釋一下什麼是漲奶。哺乳期的媽媽乳房會變得很神奇，當哺乳完，乳房內的乳汁全部排空之後，乳房會變得很鬆軟。隨著時間的推移，乳汁會慢慢分泌，乳房變得充盈而不再鬆軟，如果長時間沒有排出乳汁，就會變得愈來愈硬，這就是「漲奶」。這時就必須要及時排出

乳汁了，否則就會讓媽媽感覺非常疼痛，甚至造成積乳發炎。

媽媽漲奶時，就可以給寶寶哺乳，但如果寶寶不吃，就必須要排出一部分乳汁，避免出現積乳，排出量的多少根據自己的泌乳情況和距離下次餵奶的時間決定。如果泌乳量很大，而且距離寶寶下次吃奶還有一段時間，就可以多排一些；反之就少排一些，只要媽媽感覺不難受即可。由於母乳是按需產生，經過寶寶和媽媽一定時間的磨合，很快就會達到「供需平衡」，這樣的煩惱也就不會出現了。

新手媽媽百寶箱

如何判斷寶寶需要吃奶了？

- 最直接的信號就是：哭。寶寶餓了就會哭，一般新手媽媽聽到寶寶哭，需要先反應三點：寶寶是不是餓了？是不是需要更換尿布了？寶寶是不是生病了？媽媽聽到寶寶的哭聲就應該考慮給寶寶餵奶，有的寶寶雖然不哭，但表現得很煩躁，也是餓了的表現。
- 判斷寶寶是不是餓了，還可以將手指放在寶寶脣邊，如果寶寶張開嘴想吸吮手指，通常就是要吃奶了。大一些的寶寶吸自己的手指時，媽媽也應該考慮寶寶是否餓了。
- 哺乳一段時間之後，媽媽會慢慢找到寶寶吃奶的規律，在寶寶習慣吃奶的時間，就應該格外關注寶寶是不是餓了，是否需要哺乳。

哺乳的環境須講究

在哺乳時營造一個舒適、溫馨的環境，不但能讓媽媽和寶寶身心愉悅，還能使寶寶吃奶更加專注，媽媽哺乳更加舒暢。

布置一個良好的哺乳環境需要哪些要素呢？

一張清潔、舒服的椅子或床

如何選擇哺乳的座椅前文已經介紹過了。椅子要舒適，並且乾淨，這樣媽媽採用坐姿哺乳時會比較舒服。採側躺式哺乳時，一張舒適、乾淨的床就非常重要。

床墊軟硬要適中，過軟不但不利於寶寶發育，也會造成媽媽腰背疼痛；過硬則會讓媽媽和寶寶都感到不舒服。

床單要舒適、乾淨，最好選擇淺色、純棉的床單，避免染料可能對寶寶造成傷害。

如果和媽媽同床睡，媽媽不需起身去抱寶寶，可以直接哺乳。這種睡眠方式的優點是方便媽媽哺乳，寶寶不會因為被抱來抱去而著涼；缺點是寶寶無法養成獨立的睡眠習慣，容易被大人所打擾。

如果寶寶自己睡，夜裡媽媽需要起床去抱寶寶哺乳。這樣做的優點是有利於寶寶養成良好的睡眠習慣；缺點是媽媽會非常辛苦，而且在抱動寶寶的過程中容易受涼。

兩種作法各有利弊。最好的辦法是將寶寶的小床放在媽媽大床的旁邊，媽媽只需起身不用下床就可以將寶寶抱到大床上餵奶，餵完後再將寶寶放回小床，寶寶可以獨立睡眠，媽媽也不會太累。如果家裡空間不允許這麼擺放，媽媽可以在夜間第一次餵奶時下床將寶寶從小床抱到大床，吃奶後就和媽媽同床睡，不用反覆折騰。

如果家裡氣溫較低，抱動寶寶時需要注意保暖，或者乾脆和媽媽一起睡，避免寶寶受涼生病。如果寶寶夜間吃奶比較頻繁，也最好和媽媽同床睡。

新手媽媽 百寶箱

母乳寶寶是否應該和媽媽同床？

現代醫學主張寶寶從出生起就自己睡，這樣可以養成寶寶良好的睡眠習慣且不被大人打擾，不會吸入大人呼吸產生的多餘二氧化碳。

柔和的光線

白天哺乳時，要注意不要面對陽光，不然會讓媽媽的眼睛疼痛，也會刺傷寶寶的眼睛，如果室內光線過亮，可以使用半透明的窗簾遮擋。

室內需要開燈的時候，光線要柔和適中，以媽媽眼睛不感覺到不舒服為宜，特別要注意燈光不要直射寶寶的眼睛。

夜間哺乳，最好打開燈，這樣可以讓媽媽看清寶寶，同時光線可以幫助媽媽保持清

新手媽媽百寶箱

不能因為方便哺乳就開燈睡覺

有的媽媽為了方便照看寶寶和哺乳，就開著燈睡覺。這種作法非常不適當。

開燈睡覺，對寶寶危害非常大。任何人工光源都會對人體造成一定的光壓力，在這種壓力的影響下，會讓寶寶情緒煩躁，從而影響寶寶的睡眠品質。開燈睡覺，使寶寶的眼球和睫狀肌得不到休息，長久就會影響寶寶的視力，容易造成寶寶近視眼。長期睡眠品質不佳還會影響寶寶的生長發育，害處多多。

開燈睡覺，對成年人也會造成健康上的威脅。科學研究顯示，開燈睡覺會影響人體內褪黑激素的分泌，對人體的血糖產生影響。

因此，在夜裡不能為了方便哺乳就長期開燈睡覺。需要哺乳的時候再開燈，也要注意在開燈時保護好寶寶的眼睛。

醒，避免哺乳時發生危險。可以準備光線柔和的小夜燈，方便媽媽在夜間哺乳時使用。

適宜的室溫

哺乳時，寶寶和媽媽肌膚相親，如果室溫過高，媽媽和寶寶都會感覺非常不舒服，本來就比大人更怕熱的寶寶，會因為室溫過高、心情煩躁而影響吃奶。可以利用空調和電風扇調節室溫，但要注意不可將冷風直接吹向媽媽或寶寶。

室溫過低容易讓寶寶受涼，應使用取暖設備調整室溫。如果條件有限無法使用取暖設備，則需要在哺乳時做好媽媽和寶寶的保暖工作。

一般來說，冬季室溫保持攝氏二十度左右，夏季室溫保持二十六度左右即可。

安靜的環境或輕柔的音樂

在哺乳時，應該為寶寶營造一個安靜、舒適的「進餐」環境。不能太喧鬧、嘈雜，那樣會讓寶寶情緒不穩定，影響吃奶。可以播放一些輕柔、優美的音樂，讓親子都放鬆、愉快。

溫柔專注的媽媽

哺乳時，媽媽的態度非常重要。媽媽應該保持快樂、幸福的心情來完成每一次哺乳，對寶寶的動作要輕柔，也可以在哺乳時輕輕哼唱一些兒歌或和寶寶溫柔地聊天。

新手媽媽百寶箱

外出哺乳時的注意事項

如果在外出時，寶寶要吃奶，應該怎麼辦呢？有的媽媽喜歡無所顧忌地在外面哺乳，在川流的人群中就露出乳房給寶寶餵奶。雖然哺乳是世界上最偉大的母愛表現，但哺乳同時也是一件很私密的事，透過哺乳的過程讓寶寶（特別是女寶寶）從小就知道，乳房是女人的隱私部位。

在外哺乳需要注意以下幾點：

- **盡量選擇私密的地點**

  現在很多公共場所如醫院、商場、餐廳都有專門的哺乳室提供使用，如果沒有哺乳室，媽媽可以選擇相對安靜、人流較少的地方餵奶，盡量背對人流。

- **恰當使用遮蓋物**

  使用圍巾、披肩等物品遮蓋乳房，但要注意不要影響到寶寶的呼吸。

- **不要忽視手部和乳房的清潔**

  哺乳前最好能去洗手間洗手，或使用不含酒精的濕紙巾清潔手、乳頭、乳暈。

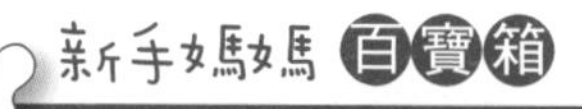

夜間哺乳注意事項

• 開燈時要注意保護好寶寶的眼睛

夜間哺乳，注意光線不要太過強烈，開燈時應該先用手遮住寶寶的眼睛，然後將手緩緩移開，讓寶寶逐步適應光亮。

• 挪動寶寶時不要讓寶寶受涼

要注意做好寶寶的保溫，室溫低的情況下要將寶寶以被子包好再抱動。

• 媽媽也要做好保暖

餵奶時媽媽要注意披好衣服，避免受涼生病。

• 注意防止寶寶嗆奶

由於夜間寶寶容易在吃奶時入睡無法拍嗝，媽媽要注意讓寶寶保持右側臥的睡姿，最好能多觀察寶寶一會兒後再入睡。

• 媽媽要注意保持清醒

夜間哺乳，媽媽很容易愛睏打瞌睡，要特別注意保持清醒不要讓自己睡著，避免哺乳時發生危險。

Chapter 5

母乳不足時該如何搭配配方奶

有的媽媽即便使用了各種方法，母乳量還是非常遺憾地不夠寶寶食用，這時就需要搭配配方奶餵養，我們稱這種餵養為「混合餵養」。混合餵養不如純母乳餵養，但絕對優於只餵配方奶的「人工餵養」方式。

一般來說，混合餵養主要有兩種方式：

一種是每餐混合，即寶寶每次吃完母乳後，再喝一定量的配方奶。這種方法適合六個月之前的嬰兒，可以透過寶寶的不斷吸吮保持乳汁的分泌。

另一種是總體混合，即寶寶每次吃奶只吃母乳，或只吃配方奶，但吃配方奶的次數要盡量少於寶寶全天吃奶次數的一半。

「混合餵養」是母乳不足或職業媽媽上班等情況下，不得不使用的一種餵養方式，正常情況下還是要盡量堅持純母乳，這樣對寶寶的生長發育較為有利。

關於混合餵養的常見問題：

Q1 混合餵養的寶寶需要喝水嗎？

需要。一般來說，純母乳餵養的寶寶在添加副食品前，如果身體沒有其他問題是不需要喝水的，因為母乳有足夠的水分。但如果寶寶喝配方奶，就需要喝水了，通常在兩次吃奶的中間給寶寶餵水。奶粉中含有的物質並不容易被寶寶吸收，且易引起寶寶上火，所以吃奶粉的寶寶必須要喝水。

Q2 寶寶會不會乳頭和奶嘴混淆呢？

會。混合餵養的寶寶很容易造成乳頭和奶嘴的混淆，要不是排斥乳頭，就是排斥奶嘴。處理這一問題的方法有兩種：一是用小勺代替奶瓶給寶寶餵配方奶；二是使用仿乳頭質感的奶嘴。

如果寶寶已經排斥乳頭了，那麼就採取將母乳吸出用奶瓶餵奶的方法餵母乳。有時候純母乳餵養的媽媽也會遇到寶寶排斥乳頭的問題，也可以使用這一方法。

Q3 該如何選擇奶粉呢？

市面上的配方奶並沒有太大的差別。選擇配方奶一要根據寶寶的月齡選擇相應階段的奶粉；二要盡量選擇安全可靠的產品，消費者無法確定奶粉的品質，只能選擇品牌形象佳、口碑好的奶粉給寶寶吃；三是可以定期更換品牌，這樣萬一哪種奶粉出現問題，寶寶沒有長期食用，可以降低風險，當然更換奶粉也要尊重寶寶的口味，選擇寶寶接受、愛吃的產品。

Q4 沖泡奶粉需要注意什麼事項呢？

一要控制水溫。奶粉要用溫水沖泡，水溫在攝氏四十度左右，媽媽可以將水滴在內手腕上，感到水不燙不涼的溫度就合適了。市面上有一種溫奶器，設定好溫度後可以將溫水控制在指定溫度。

二要掌握奶粉量。要根據奶粉罐上說明的方法沖泡，多少水沖多少奶粉。如果是採用每餐混合的餵養方式，則根據寶寶的吃奶習慣決定沖泡多少奶粉。

三要確保奶瓶清潔。奶瓶使用後要及時清洗，使用化學類清潔劑要徹底沖洗乾淨，然後進行高溫消毒。消毒後讓奶瓶自然風乾，二十四小時內如果沒有使用，需要重新消毒。

Q5 混合餵養也要按需哺乳嗎？

實行混合餵養也應遵從按需哺乳的原則，只是在母乳不足時用奶粉替代而已。

新手媽媽百寶箱

就算母乳不足，也不要輕易斷奶

- 混合餵養雖然不如純母乳餵養好，但還是優於純奶粉的「人工餵養」。有的媽媽覺得反正母乳不足要加奶粉，那不如乾脆斷奶只吃奶粉。這種想法是非常不對的，母乳量即使再少，對寶寶的成長也是有益的，不應該輕易放棄。
- 哺餵寶寶，不論何時都應該堅持「母乳優先」的原則，能給寶寶多少母乳就給多少，不足的再用奶粉補充。

Chapter 6

哺乳媽媽的乳房保健護理

哺乳期間，母乳媽媽要注意保護好自己的乳房，讓哺乳更加順利，媽媽和寶寶更加健康。

保持乳房的清潔

如果可以，哺乳媽媽應該盡量每天清洗乳房。

清洗的時候選擇溫和的沐浴乳，手法要柔和，根據自己的體感，不要用力過大。用一隻手托起乳房，另一隻手將沐浴乳在乳房上塗抹均勻並輕輕搓揉，然後徹底清潔即可。

最好在吸淨乳汁、乳房鬆軟的時候清洗，這樣比較不會造成疼痛。要徹底沖淨沐浴乳的泡沫，水溫不要過低，以免造成乳腺收縮。清洗後，可在乳房上塗抹母乳，需要注意的是，必須等乳房上塗抹的油脂完全吸收後再給寶寶哺乳。

選對哺乳內衣

哺乳期內衣不可過緊，否則會影響泌乳或造成積乳等其他不適。

哺乳媽媽在家的時候，建議穿戴無鋼圈的內衣，背心式的最好。既可以托住乳房，也不會太緊，非常舒服。推薦使用前開扣的內衣較方便哺乳。

職場的哺乳媽媽需要注意形象，如果可以也盡量穿戴無鋼圈的內衣。如果實在不行，也要選擇尺寸稍大一些的，要確保乳房在充滿奶水時也不會感到太緊。選擇寬肩帶的內衣，支撐力大且比較不會造成漲奶時勒痛。

根據哺乳期乳房的變化及時調整內衣的大小。內衣要選擇純棉材質，每天更換以確保清潔。清洗時要選擇溫和的洗滌劑，手洗並沖洗乾淨，然後晾在通風處曬乾。

保持乳房乾爽

哺乳期內，媽媽要注意保持乳房乾爽，乳房長期處於濕膩環境中，容易誘發濕疹甚至致癌。

每次哺乳後，以剩餘乳汁塗抹乳頭後，要等乳房特別是乳頭徹底風乾後再穿上內衣。

哺乳媽媽常會在不哺乳的情況發生溢乳，如果是在家，就及時將溢出的乳汁擦去並風乾乳房。如果是在上班或者在外面的時候，建議哺乳媽媽們在內衣的罩杯中放入防溢乳墊。防溢乳墊在一般母嬰用品店都可以買到，可以吸收溢出的乳

新手媽媽 百寶箱

哺乳媽媽乳房美麗的小祕訣

哺乳後乳房會變得不美麗，這是很多媽媽煩惱的問題，使用下列方法能改善乳房狀況，讓乳房變美麗：

- 哺乳時不讓寶寶過度用力拉伸乳頭，那樣會讓乳頭變長、乳房下垂。如前文所提，拉伸五毫米左右即可。
- 哺乳時間不宜過長，每次十五到二十分鐘。時間過長會使乳房中的韌帶組織鬆懈，造成乳房嚴重下垂。
- 選擇合適的內衣，給予乳房舒適的支撐，請參考前文介紹的內衣選擇方法。
- 適當的運動，不但能讓哺乳更順利，也能促進乳房的血液循環，讓乳房更加堅挺。
- 有效的按摩，能促進泌乳、血液循環，讓乳房更加美麗。

汁，防止乳汁弄濕衣服的尷尬。防溢乳墊要勤換，保持乾爽。

健康的運動

哺乳媽媽可以經常做一些擴胸運動：一種是雙臂彎曲抬起，手、肘與肩同高，兩肘向後伸展，這個動作可以橫向拉伸乳腺；另一種是雙臂伸直向上，這樣做可以縱向拉伸乳腺。這兩個運動有助於乳腺拉伸，有益哺乳。

辦法恰當，做事情就會事半功倍。哺乳的方法得當，媽媽和寶寶都會感到健康、舒適、幸福。

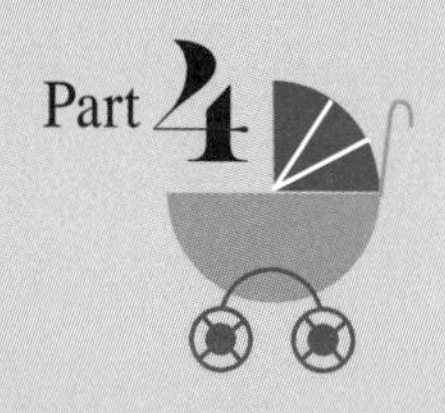

巧妙化解哺乳的N種困難

在母乳餵養的道路上，媽媽們會遇到各式各樣的問題，

常常造成很大的困難，有的甚至因此而放棄哺乳。

做任何事難免會遇到困難，哺乳也不例外。

身為媽媽，不應該因為些許困難，

就輕易放棄對於寶寶來說一旦錯過就無法彌補的母乳餵養。

在這一篇，我們將盡量全面地

為大家列舉哺乳時可能會遇到的困難及處理方法，

讓媽媽們的哺乳過程更加順利、成功。

寶寶吃奶過程中可能出現的狀況

Q1 如何判斷寶寶吃飽了沒有？

前面已經介紹過如何判斷寶寶是否餓了需要吃奶，那麼該如何判斷寶寶吃飽了沒有呢？媽媽在哺乳時可以根據以下幾點判斷寶寶吃飽了沒有：

● **吃奶時間**：吃母乳的寶寶每次吃奶的時間約為十五到二十分鐘，如果吃奶時間過長，則寶寶可能因為母乳不足、吸吮困難等原因沒有吃飽。

● **寶寶神情**：吃飽後，寶寶會自然吐出媽媽的乳頭，不會像饑餓時那麼哭鬧、煩躁，會表現出一種很滿足、很安逸的神情。

● **寶寶表現**：月齡小的寶寶在吃飽後會很安逸地入睡，大一些的寶寶則可以開始玩耍，表現出很開心的動作。

除此之外，媽媽還可以藉助其他方式判斷寶寶是否吃飽了：

● **看吃奶間隔時間**：寶寶吃飽後，間隔下一次吃奶有一段的時間。一般新生兒一到二個小時吃奶一次，隨著年齡的增加，間隔會愈來愈長，至少會在三個小時以上。

● **看寶寶大小便**：還可以根據寶寶的大小便來判斷是否有吃飽。一般來說，寶寶應該每天排便一次，大便應為黃色軟膏狀，如果大便過少或形狀不對，可以考慮母乳不足。每天為寶寶更換紙尿褲約六到八次，且每次更換時，應該是沉甸甸的才是尿量充足，如果寶寶出現尿量減少，應考慮母乳不足。

● **看寶寶生長狀況**：此外，寶寶的生長指標也是判斷寶寶是否吃飽的標準。如果寶寶的身高、體重低於標準，則應考慮母乳不足。

Q2 母乳餵養的寶寶該如何計算奶量？

人工餵養的寶寶，會有一定的餵養標準，多大月齡的寶寶每次吃奶多少毫升。母乳餵養的寶寶，奶量的多少就不好計算了。

哺乳媽媽不必過分在意寶寶到底吃了多少奶，只需堅持按需哺乳，並用前面提到的方法來判斷寶寶是否吃飽、奶量是否充足，只要寶寶生長發育正常就可以了。如果實在想知道寶寶的奶量，可以用吸奶器在乳房感覺充盈的狀態下吸空乳房一次，用奶瓶或其他帶刻度的容器測量一下到底有多少，就可以大概判斷出寶寶的吃奶量了。

寶寶嗆奶了怎麼辦？

前文中提到過，寶寶吃奶後，媽媽應該為寶寶拍嗝，以防止寶寶吐奶。寶寶吐出的奶水如果被吸入氣管，就會引發嗆奶。發生嗆奶後，會引發寶寶咳嗽，嚴重的還會引發吸入性肺炎，甚至發生窒息，有生命危險。

要防止寶寶發生嗆奶，就要處理好寶寶吐奶：吃奶後拍嗝，讓寶寶保持右側臥，家長多陪伴一會兒，確保安全。母乳量大、流速急的媽媽可用剪刀手勢控制母乳流量，防止奶水過急過多嗆到寶寶。

如果寶寶發生嗆奶該怎麼辦呢？如果寶寶只是輕微咳嗽，沒有其他症狀，大人需要抱起寶寶，為寶寶用拍嗝的方法拍打後背，幫助寶寶把奶水咳出，將寶寶放下時，保持右側躺。

如果寶寶出現呼吸困難，臉色發黑並伴有哭泣，則需要把寶寶面向下伏在大人腿上，讓寶寶身體微微向下傾斜，稍稍用力拍寶寶後背上兩個肩胛骨之間的位置，幫助寶寶排出嗆住的奶水，然後立刻送醫。

如果寶寶不哭，則考慮寶寶出現昏迷，需要稍稍用力拍打寶寶腳心讓他哭出來，寶寶只要哭出來就恢復了呼吸，暫時沒有生命危險。然後立刻送醫。

如果寶寶經常性地出現嗆奶咳嗽，需要去醫院讓醫生幫忙檢查是否有身體上的其他疾病，比如吸入性肺炎等。

遇到寶寶吃奶的「壞習慣」，該如何處理？

Q1 寶寶突然就厭奶了，怎麼辦？

哺乳媽媽有時候會發現，寶寶突然就不愛吃奶了，寧可餓得大聲哭鬧，也不吸媽媽的乳頭和奶水，這就是所謂的「厭奶」現象。

厭奶通常會發生在寶寶四至六個月時。厭奶的原因其實很簡單，寶寶從一出生就吃媽媽的奶水，已經吃了好幾個月，多少都會產生厭倦的情緒。而且慢慢長大的寶寶，會抬頭了，會坐著了，吸引他注意力的有趣事物愈來愈多了，注意力的分散也可能是造成寶寶厭奶的原因。

對此，媽媽不必過分焦慮。厭奶期的寶寶生長發育正常，也一樣好動、活潑，厭奶的出現根本不會影響他們的健康成長，只要媽媽們巧妙應對，通常一個月左右，寶寶就會逐漸度過厭奶期，恢復食量。

要正確面對厭奶現象

母乳媽媽要正確面對寶寶的厭奶現象，這是一種非常正常的生長發育必經階段，而且是寶寶身體和心理發育到一定階段時會出現的好現象，厭奶期的出現，說明您的寶寶非常健康，發育正常！

不要強迫寶寶吃奶

寶寶不吃奶，媽媽會擔心影響身體健康，就拚命強迫寶寶吸吮乳頭。這樣非但不會改變寶寶厭奶的現象，還會讓寶寶從心理上對吃奶產生厭煩甚至恐懼。只要寶寶身體發育沒有受影響，媽媽可以採取添加輔食等方法來緩解厭奶的現象。

適時添加輔食

單純的母乳已經讓寶寶厭倦，這時需要適時地為寶寶添加輔食。米粉、果汁、蔬菜泥、水果泥、搗成泥的蛋黃等都可以慢慢加入。但要注意，輔食要一樣一樣添加，每種輔食餵三到五天，觀察寶寶大便是否正常，同時觀察寶寶有沒有其他不適症狀，如果沒有，可繼續餵養這種輔食，並繼續添加下一種輔食。

增加寶寶運動量

讓寶寶經常翻身、坐著，和寶寶玩遊戲，讓寶寶多活動。可以給寶寶按摩，活動四肢，以此來幫助寶寶消耗體力，讓寶寶產生饑餓感，可以增進食欲。

改變就餐環境

讓寶寶的就餐環境盡量簡單、安靜，不開電視，不播放過分嘈雜的音樂，周圍不擺放可能吸引寶寶注意力的玩具及其他物品。除了餵養寶寶的人以外，不讓其他人出現在寶寶的視線範圍內分散寶寶的注意力，以提高寶寶吃奶的專注力。

Q2 寶寶只吃一邊乳房的奶怎麼辦？

媽媽有時候會發現，寶寶只愛吃一側乳房，對另一側卻不感興趣。我們提倡兩邊的乳房都要讓寶寶吸，這樣對泌乳更加有利。一旦出現這種狀況，媽媽需要檢視一下造成寶寶這個習慣的原因。

原因一　乳頭凹陷或乳頭過大，寶寶的小嘴含住凹陷或過大的乳頭會很費勁

出現這個問題，媽媽應該想辦法矯正自己的乳頭。對於乳頭凹陷的問題，孕期裡就應該提前進行矯正。如果孕期沒有做這個功課，在哺乳期裡有時間也可以進行矯正。同時，媽媽可以使用乳頭保護器套在乳頭上，方便寶寶吸吮。

原因二　媽媽的奶水太多，寶寶只吃一邊就飽了

有的媽媽乳汁相當豐沛，一側乳房的奶量就足夠寶寶吃飽，另一側根本就用不著了。如果是這種情況，媽媽應該注意兩邊乳房要輪流餵，即這一次吃左邊，下一次就吃右邊，保證兩邊乳房都被寶寶吸吮。同時，沒吃的那側乳房的奶水要在寶寶吃飽後吸出來，避免出現積乳。

原因三　媽媽的一側乳腺不夠通暢

媽媽一側乳房的乳腺沒有另一側通暢，寶寶吃起來會很費勁，聰明的寶寶自然只喜歡吸起來通暢又省力的乳房。

出現這個問題，母乳媽媽可以透過按摩、熱敷的方法改善乳腺狀況。同時應該盡量鼓勵寶寶吸不太通暢的一側乳房，可以達到疏通乳腺的作用。如果寶寶實在很抗拒，寶寶爸爸可以「拔刀相助」，媽媽也可以藉助擠奶器幫助疏通。還可以求助有合格資質的通乳師，透過他們專業的按摩幫助媽媽疏通乳腺。

原因四　寶寶習慣吃一側乳房的姿勢

有的寶寶習慣媽媽以左手抱著，用搖籃式的姿勢吃左側乳房，換到右手就渾身不自在，導致抗拒吃奶。

媽媽應該學會多種哺乳姿勢，在開始餵奶的時候不斷和寶寶磨合，找到寶寶兩邊都適應的餵奶方式。搖籃式、交叉式、橄欖球式、側臥式，左邊、右邊都要嘗試，通常都能找到讓寶寶習慣的、可以吃到兩邊乳房的哺乳姿勢。比如，餵左邊乳房用搖籃式，餵右邊就換交叉式。

原因五 寶寶身體出現了問題

寶寶在吃某一側乳房的時候就會表現得很急躁，甚至哭泣，此時，媽媽應該高度警覺是不是寶寶的身體出現了問題。

寶寶鼻塞、耳部感染或者身體、頭部的一側被磕傷等，都會讓寶寶很抗拒身體歪向某一側，會讓他們感覺到非常不舒服，以至於抗拒吃一側的乳房。媽媽在寶寶出現上述表現時，檢查一下寶寶身體上是否有不適，如有需要則應立刻求助於醫生。

在這段時間內，不要強迫寶寶歪向那一側吃奶，直至寶寶身體痊癒。

Q3 寶寶每次吃奶的時間很長，該怎麼辦？

寶寶每次吃奶的時間應該是十五到二十分鐘，在這個時間內就應該吃飽了。吃奶時間過長，不利於寶寶的消化吸收，影響生長發育，也不利於養成良好的飲食習慣，並且會影響媽媽泌乳，讓哺乳異常辛苦。

如果寶寶每次的吃奶時間都很長，則媽媽應該考慮以下原因：

原因一 母乳量不足

母乳量不足以讓寶寶吃飽，所以寶寶就沒完沒了的吸吮。這時媽媽應該使用前文介紹的方法盡量提高母乳產量，以保證寶寶的生長需要，如果實在不行，就要考慮混合餵養，用奶粉補足。

原因二 乳腺不通

如果乳腺不通，寶寶就需要很費力地吸吮，造成吃奶時間過長。應該使用熱敷、按摩、讓寶寶多吸吮、寶寶爸爸幫忙吸吮、藉助吸奶器、求助通乳師等辦法，幫忙疏通乳腺。

原因三 寶寶注意力分散

哺乳時周圍的干擾因素太多，造成寶寶吃奶時注意力不集中，導致吃奶時間過長。哺乳時周圍環境要簡單、安靜，不要讓過多的人和事物出現在寶寶的視線中。

原因四 餵養間隔時間短

有的媽媽特別是新手媽媽，掌握不好寶寶吃奶的需求，寶寶一哭就餵奶，以至於哺乳過於頻繁，造成母乳不足，使寶寶吃奶時間加長。

媽媽應該慢慢學會掌握寶寶的吃奶規律，學會準確判斷寶寶是不是餓了，堅持按需哺乳，不要過於頻繁。

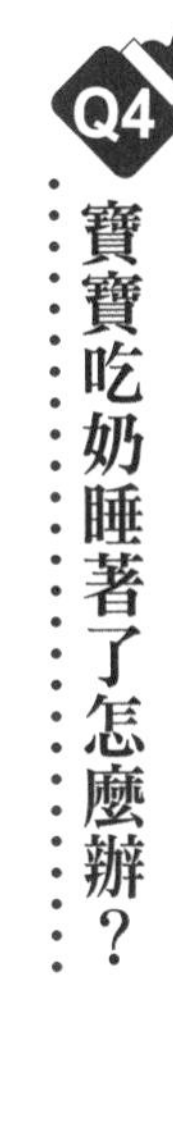

Q4 寶寶吃奶睡著了怎麼辦？

特別是月齡較低的寶寶，常常會在吃奶的時候睡著。由於媽媽的懷裡很溫馨，讓寶寶充滿安全感，吃奶本身就是件「費力的事」，再加上周圍的環境安靜沒有任何干擾，寶寶需要睡眠又比成人多，在溫暖、勞累和安靜中，寶寶很容易

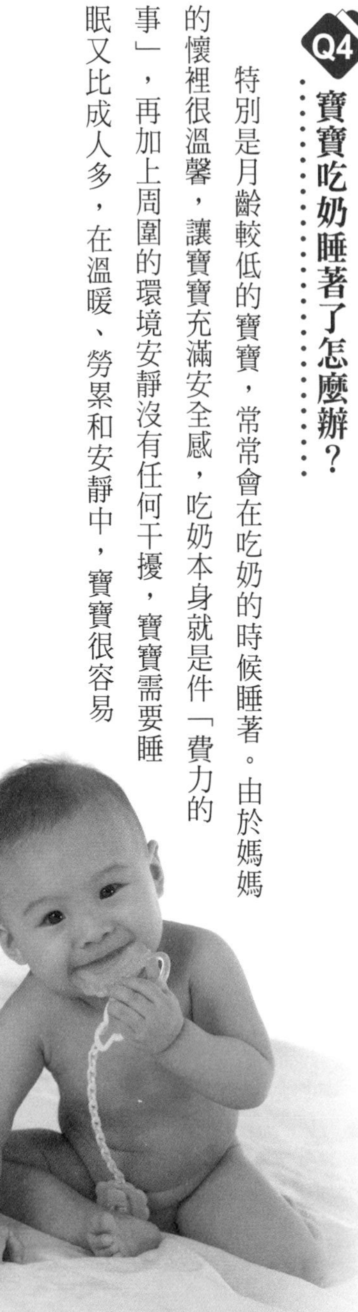

入睡。

但寶寶在吃奶時入睡，卻不是一個很好的吃奶習慣。寶寶如果在吃奶時頻頻入睡，每次吃奶量少，會造成吃奶頻繁，影響媽媽泌乳和寶寶的成長，讓媽媽和寶寶都過於辛苦。

如果寶寶在吃奶的過程中停止了吸吮，出現要入睡的徵兆，只要輕輕轉動一下乳頭，就可以刺激寶寶讓他繼續吸吮。如果不管用，媽媽可以捏捏寶寶的耳朵，彈彈寶寶的腳心或者輕拍寶寶的臉頰，給寶寶一些刺激，讓寶寶醒來繼續吃奶。

吃飽了再睡，這樣才是良好的哺乳習慣。

新手媽媽百寶箱

媽媽不可在睡覺時將乳頭長時間放在寶寶口中

有的媽媽自作聰明，在睡覺時將寶寶放在自己身邊，然後將乳頭放進寶寶口中，自認為這樣只要寶寶餓了就可以吃奶，大人、孩子都方便。

但是這樣的作法很危險，是絕對不可取的。乳房壓在寶寶的口鼻上，很容易造成寶寶窒息。寶寶吃奶時容易發生吐奶或嗆奶，或媽媽出現溢乳時乳汁流入寶寶口中，也容易造成生命危險。媽媽千萬不要自作聰明，投機取巧，以免引發慘劇。

Chapter 3

遇到特殊情況，是否還能繼續哺乳？

在母乳餵養的一段很長的時間裡，媽媽和寶寶生病是不可避免的。如果媽媽和寶寶生病了，還能繼續哺乳嗎？

Q1 寶寶生病了，還能繼續吃母乳嗎？

當然能，而且母乳是治癒寶寶疾病的良藥。母乳中含有豐富的、易於被寶寶吸收的營養物質，還有各種提高免疫力的物質、抗體，可以幫助生病的寶寶更快地戰勝疾病。

寶寶生病時應該堅持母乳餵養。如果寶寶需要住院，媽媽應該在病房陪護，或按時到醫院為寶寶餵奶。如果寶寶生病需要隔離，媽媽應該將母乳定時吸出交給醫護人員，請他們幫忙餵寶寶吃。

寶寶患了母乳性腹瀉怎麼辦？

如果寶寶出現腹瀉，並且腹瀉具有以下特徵：每天大便三次以上，大便呈稀水樣，伴有泡沫、味道酸臭、發綠、有奶瓣，有時能看見條狀的透明黏液。寶寶腹瀉時沒有異常的痛苦，不哭鬧、不發燒，大便化驗沒有其他病變。一般來說，這種腹瀉就是母乳性腹瀉。

造成母乳性腹瀉有以下原因：

- 母乳中前列腺素含量較高。
- 母乳中脂肪含量過高。
- 寶寶出現乳糖不耐症。

寶寶出現長期腹瀉，需要立刻去醫院檢查是何原因造成，如果確定是「母乳性腹瀉」，則需要注意以下幾點：

- 請醫生檢查究竟是何種原因造成母乳性腹瀉。
- 不要盲目停止母乳餵養、改吃奶粉，寶寶經過一段時期，會適應前列腺素，產生乳糖分解酶。
- 遵照醫生囑咐，根據寶寶月齡和身體狀況實行「去乳糖飲食」，具體的操作方法請遵醫囑。
- 媽媽適當減少飲食中的脂肪含量，同時減少後段乳的攝入量，不讓寶寶從母乳中吸入過多的脂肪。

Q2 媽媽生病了，還能繼續哺乳嗎？

媽媽如果生病了，是否還能繼續哺乳呢？

首先媽媽需要注意一點，哺乳期內一旦生病，需要盡快去醫院看醫生，明確所患的是何種疾病，並在醫生的指導下科學用藥，積極治療。

一些常見疾病，只要合理用藥，通常不需要停止哺乳，例如：

新手媽媽百寶箱

什麼是前段乳和後段乳呢？

- 觀察擠出的母乳我們可以發現，剛開始擠出的母乳會顯得比較稀，顏色較清，愈到後面的母乳會慢慢變得濃郁一些，顏色乳白。稀清的奶水中含有較多的蛋白質、乳糖、維生素、礦物質和水，稱之為「前段乳」，濃白的奶水中脂肪含量較多，可讓寶寶產生飽腹感，叫「後段乳」。
- 前段乳和後段乳可以提供寶寶生長發育的不同物質，都必須吃。但如果寶寶體重過重，或發生母乳性腹瀉，需要控制脂肪攝入量，母乳媽媽可以多給寶寶吃前段乳，適當減少後段乳，即一側乳房不要吃空就換另一側乳房繼續哺乳。
- 有的媽媽母乳量大，寶寶吃不到後段乳就吃飽了，脂肪攝入量過少也會影響寶寶發育。媽媽可以在哺乳前將乳房中的奶水擠出一些之後再哺乳。

●**感冒：**不論是流行性感冒還是普通感冒，都不必停止哺乳，相反的，母親感冒，體內會產生針對這種病毒的抗體，並可以透過母乳將這種抗體輸送到寶寶體內。

●**感冒時哺乳的注意事項：**如果媽媽出現發熱症狀，體溫升至攝氏三十八・五度以上，需要暫停哺乳，待體溫恢復正常後再進行。感冒的媽媽應盡量避免和寶寶近距離接觸，哺乳時最好戴上口罩，並不對著寶寶的臉呼吸。

●**胃腸道感染：**如果發生食物中毒、腹瀉、嘔吐等症狀，也不必停止哺乳，胃腸道感染不會影響母乳品質。

●**胃腸道感染時哺乳的注意事項：**要注意調整飲食，不要為了保證母乳營養就吃刺激胃腸道的東西，短期的忌口不會對母乳品質產生很大影響。要注意多喝水，防止脫水。

如果媽媽患上愛滋病及服用化療藥物，就需要立刻停止哺乳。

如果患上高血壓、糖尿病、心臟病、腎病、甲狀腺亢進等疾病，需要在醫生的指導下進行哺乳，並隨時關注身體狀況。

重點強調，哺乳期內，媽媽如果生病必須嚴格遵照以下幾點：

●身體發生不適，要立刻去看醫生，在醫生的指導下進行治療。

● 不要盲目中止哺乳，很多疾病對母乳並無影響。

● 要在醫生的指導下科學用藥，並認真閱讀藥物說明書。

● 服用了可能影響母乳的藥物，要諮詢醫生，待藥物影響消失後再進行哺乳。

● 如果身體實在不允許繼續哺乳，也不要一味堅持，果斷斷奶，減輕對媽媽身體的傷害。

● 因服藥等原因暫停哺乳時，要用吸奶器或手擠的方式定時排乳。

餵奶時的疼痛，會成為哺乳路上的絆腳石嗎？

給寶寶餵過母乳的媽媽都知道，哺乳期裡最大的痛就是來自乳房的各種疼痛。沒有經歷過的人很難想像，乳頭上小小的一個傷口，怎麼會造成那麼大的疼痛。乳頭的疼痛會帶動整根乳腺的疼痛，繼而輻射到整個乳房，甚至半個身體。發生積乳時，小小的一個起床動作都會變得無比艱難。前面介紹了很多防止出現乳頭破潰、積乳的注意事項，但如果媽媽們還是遇到了這樣的疼痛，該怎麼辦呢？還是那句話，不要因為疼痛就輕易停止哺乳。

媽媽的痛之一：乳頭破潰

乳頭破潰多是由於寶寶的吸吮不當造成的。發生乳頭破潰時如果媽媽仍堅持哺乳，會感到非常痛苦，寶寶每吸一下，媽媽都會感覺痛徹心扉，也會讓哺乳的過程變得不美好。乳頭出現破潰時寶寶的反覆吸吮不利於媽媽的乳頭痊癒，還會增加細菌感染的風險。但母乳中只要沒有含血水、發炎化膿，還是可以餵食。

發生乳頭破潰時，並不影響奶水的品質和產量。媽媽可以用吸奶器或手擠的方式將奶水排出再餵給寶寶吃，完全不會對母乳的品質產生影響。

發生乳頭破潰時不推薦使用乳頭保護器。因為乳頭保護器並不能與乳頭完全貼合，寶寶在吸吮時保護器和乳頭之間的縫隙會加大對傷口的刺激，很容易讓乳頭出血。

對於破潰的乳頭，媽媽要格外注意：

- 要讓乳頭保持乾燥，有利於傷口恢復。
- 要注意乳頭的清潔，避免細菌感染。
- 接觸乳頭的衣物要乾淨柔軟，避免摩擦。
- 如果乳頭破潰長期不癒，需要到醫院就診，並排除其他病變可能。

媽媽的痛之二：積乳

前文中多次提到「積乳」這個詞，從字面上的含意就能知道是乳汁在乳房內發生了淤積。

積乳多發生在乳汁較為豐沛的媽媽身上，由於乳汁較多，寶寶吃不完又沒有及時將乳汁排出，就會造成乳汁在乳房內淤積，發生積乳。積乳時，媽媽會感覺腫脹、疼痛，乳房內有硬塊，乳房局部皮膚發燙，甚至會發生高燒等症狀。造成積乳的原因除了沒有及時排空乳汁之外，還有可能是睡覺時姿勢不當或內衣過緊壓迫乳房造成。

預防積乳的方法

- 每次哺乳後吸出剩餘的乳汁。
- 在無法直接哺乳時定時吸出奶水。
- 睡覺時不要壓迫乳房。
- 不穿過緊的內衣。

發生積乳時該如何應對？

只要體溫沒有超過攝氏三十八．五度就繼續哺乳，寶寶的吸吮可以幫忙疏通乳腺、解決積乳。

- 要盡快擠出乳汁，排空乳房。

● 熱敷乳房，溫度要稍高一些，以媽媽感到乳房發熱為宜。

● 對淤積的硬塊進行按摩。按摩時一手托起乳房，另一隻手自乳房根部向乳頭方向稍加用力按摩，將淤積的硬塊揉開。按摩可以由寶寶爸爸幫忙，或請專業的通乳師按摩。按摩後立刻吸奶或擠奶，將淤積的乳汁排出。

● 檢查乳頭有沒有出現堵塞。很多母乳媽媽在哺乳期乳頭會有白點出現，這就是乳頭堵塞的表現。將白點挑開後，乳汁會排出甚至像噴泉一樣噴出，就能解決積乳的問題。

媽媽的痛之三：乳腺炎

乳腺炎是乳腺的急性化膿性感染，當媽媽乳頭破潰或積乳時，發生了細菌感染，就是乳腺炎。乳腺炎初期在症狀上和積乳很像，都是乳房脹痛、發熱、有硬塊，體溫升高。與積乳不同的是，乳腺炎會出現白細胞和中性粒細胞增高，伴有腋窩淋巴結腫大。不及時治療的話，在四、五天後會出現膿腫，媽媽會感覺渾身不適，乳房有搏動性疼痛，嚴重的可以從乳房中擠出膿液。乳腺炎如果過於嚴重，就不得不停止哺乳。

因此，如果媽媽出現乳房脹痛、發熱、有腫塊的症狀時，需要立刻就醫進行血液常規檢查，確診是否為乳腺炎，並在醫生的指導下治療。

預防乳腺炎的方法

- 盡量杜絕出現乳頭破潰或積乳。
- 如果乳頭破潰或積乳，要注意衛生，避免細菌感染。
- 養成定期熱敷和按摩乳房的好習慣。
- 不哺乳時不讓孩子含著乳頭，減少細菌感染幾率。

罹患乳腺炎時，該如何處理？

應盡早就醫，初期乳腺炎很容易治療，通常使用抗生素治療就可以。如果出現化膿，有時需要開刀排膿，嚴重時不得不終止母乳餵養。如果沒有出現化膿且體溫不超過攝氏三十八·五度，可以繼續哺乳，有助於乳腺炎恢復。如果出現膿液，則需要在膿液排淨後再哺乳。其他和積乳的處理方法相同。特別提醒，如果媽媽罹患乳腺炎，一定要在醫生的指導下治療，切不可貽誤病情。此外，也不要因為乳腺炎就盲目斷奶，及時消炎排膿治療後，除非病情特別嚴重，通常不會影響母乳餵養。

Part 5

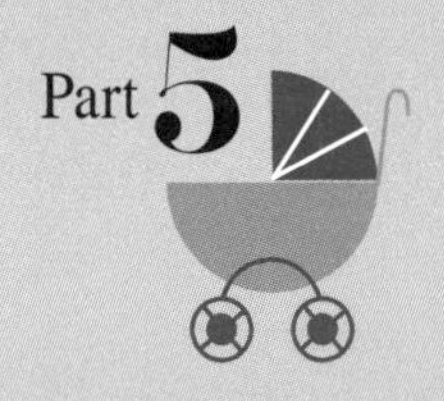

職場媽媽加油，哺餵母乳到最後

產假結束，媽媽需要重返職場了，
很多媽媽會因為開始工作而停止哺乳，
這是完全沒有必要的。
對於寶寶來說，一旦失去喝母乳的機會，就不會再擁有，
這是一生只有一次的天然美食，
媽媽們不可以輕易剝奪寶寶們享受的權利。
其實藉助必要的工具，使用合理的方法，
職場媽媽一樣可以繼續哺餵母乳到最後。

下定決心，做一個背奶媽媽

身居職場的哺乳媽媽，由於白天不能在家親自哺乳，需要每天帶著吸奶器等工具上下班，在公司吸奶儲奶，然後再把母乳背回家，因此她們有一個可愛的名字「背奶媽媽」。

背奶媽媽很辛苦。有的吸奶器很重，有的吸奶場所條件不是很好，背奶媽媽即使在夏天也不能穿上漂亮的連衣裙，因為那樣吸奶會很不方便。同事們在午休時間吃飯逛街的時候，背奶媽媽必須要趕回公司準時吸奶。

背奶媽媽也是幸福的。她們不用因為工作需要就停掉母乳，她們可以用母乳的營養滋潤寶寶更長的時間，讓寶寶更加聰明、強壯。背奶媽媽們用辛苦換來寶寶的健康成長，絕對值得。

而且，只要合理安排，方法得當，上班後繼續母乳餵養，根本不是什麼難題。

那麼，就下定決心，做一個背奶媽媽。

職場媽媽集乳必備用品

身居職場的母乳媽媽需要準備一個專門的手提袋，攜帶集奶必要的用品：

- **吸奶器：**幫助媽媽吸奶的重要工具。前文介紹過關於吸奶器的種類和優缺點，媽媽們可以根據自己的需要加以選擇。如果媽媽習慣以手擠奶，可以不使用吸奶器。
- **母乳存儲杯或存儲袋：**這兩種產品市面上都可以買到。存儲杯的優點是可以反覆使用，但價格相對高一些。存儲袋是一次性產品，價格高低都有。有的吸奶器可以直接連接母乳存儲杯，吸奶後直接將杯蓋密封好即可。如果不能直接連接，就需要將母乳吸到容器內，再倒入存儲容器。
- **可攜式保溫箱或小冰箱：**由於母乳需要低溫保存，所以需要攜帶保溫箱或小冰箱。保溫箱沒有製冷功能，需要放入專門的降溫藍冰（市面上有售），也可以用凍好的瓶裝水代替。

●不含酒精的消毒紙巾：在公司吸奶沒法清洗乳房和乳頭，可用不含酒精的消毒紙巾擦拭。選擇寶寶可以使用的濕巾最為安全，可以買一盒放在公司方便使用。

●防溢乳墊：將防溢乳墊放入內衣，防止在工作時間溢乳弄濕衣服的尷尬。

手動擠奶的方法

以手擠奶時，媽媽可以選擇自己喜歡的姿勢，站著或坐著都可以。將盛奶的容器靠近乳頭，用食指和拇指按住距離乳頭兩釐米或乳暈外圍1釐米的地方，用其他手指托住乳房，另一隻手則拿著盛奶的容器。並用拇指和食指按壓乳房，同時向下用力。按壓的力道要適中，並用力過輕擠不出奶來，過重會堵塞乳腺管。

特別提醒

- 媽媽可以根據自己的實際情況決定擠奶的力道，通常經過幾次摸索，就可以找到舒服、效率高的力道。
- 擠奶前，要清潔手部和乳房。
- 如果覺得兩個手指擠奶很辛苦，可以用其他手指幫忙。用另一隻手托住乳房，將盛奶的容器放在桌子上。
- 擠空一側乳房後再擠另一側乳房，盡量將乳汁徹底擠乾淨。

可攜式保溫箱或小冰箱太重了，不方便攜帶怎麼辦？

有的職場媽媽需要乘坐公車、地鐵或長時間步行，拿著較重的保溫箱或小冰箱實在不方便。可以用以下方法解決這個問題：

- **使用公司的冰箱**

  很多公司的餐廳或茶水間裡都有冰箱，媽媽們可以把母乳存在公司的冰箱裡。如果怕衛生條件有疑慮，可以將盛放母乳的容器先放在密封盒裡再放進冰箱。如果公司還有其他背奶媽媽，需要在容器上或密封盒上寫上自己的名字。

- **用藍冰或冰塊降溫**

  提前將藍冰凍好，也可以用凍成冰的瓶裝水，將母乳和冰塊一起放進不會漏水的袋子裡密封好。這樣的冰凍時間可能不如保溫箱長，如果路途較遠最好不要採取這種方法，只能辛苦媽媽提保溫箱或小冰箱了。

Chapter 3 職場媽媽集乳的程序及注意事項

職場畢竟不同於家裡，吸奶這項工作實施起來也不像在家裡那麼方便，做一個合格的背奶媽媽，有很多要點需要注意。

職場媽媽吸奶的程序

Step 1 選擇一個安靜私密的集乳環境

吸奶不能在大庭廣眾之下進行，一個安靜私密的吸奶環境是必需的。有獨立辦公室的媽媽可以在自己的辦公室吸奶，如果是開放的辦公環境，可以在會議室吸奶。

Step 2 做好手部和乳房的清潔

去洗手間徹底清洗雙手，不方便洗手時必須用消毒濕巾擦淨雙手。同時，以消毒濕巾擦乾淨乳房和乳頭。

Step 3 清潔集乳環境

吸奶環境要清潔，特別是用的桌子必須以濕巾擦拭乾淨，也可使用一次性塑膠桌布。

取出集乳用品

帶到公司的吸奶器等必須是二十四小時之內消毒過的，裝入可以封口的塑膠袋或密封盒裡帶到公司。媽媽們必須清潔雙手後再接觸吸奶用品。

開始集乳

使用吸奶器或手擠完成吸奶。不同類型的吸奶器使用方法不同，吸奶器會配有簡單易讀的使用說明書和圖畫說明，根據說明即可順利完成吸奶。要盡量吸空乳房，吸得愈徹底愈好。

Step 6 將母乳密封保存

使用存儲杯或存儲袋保存，一定要將母乳徹底密封好。有的媽媽覺得將母乳放在奶瓶裡方便給寶寶餵奶時使用，千萬不可這樣做。奶瓶不是密封的容器，使用奶瓶存放母乳會影響母乳品質。

Step 7 將母乳冷藏

將母乳放進保溫箱或小冰箱內冷藏。如果公司有冰箱，優先放入公司的冰箱，下班回家時再放入保溫箱或小冰箱帶回，因為冰箱的冷藏環境優於其他工具。

Step 8 清洗吸奶工具

將吸奶器徹底清洗乾淨。有的吸奶器構造複雜，

新手媽媽 百寶箱

吸奶器的清洗及消毒

不同種類的吸奶器結構不同，儘管結構不同，還是要將吸奶器上所有可能積存奶水的部位拆開清洗乾淨。盡量使用流動的水沖洗，使用化學類清潔劑時要注意徹底沖洗乾淨。如果不方便沖洗，可以使用浸泡的方法洗滌。清洗乾淨後再進行高溫消毒，使用蒸煮的方法也可以。職場媽媽可以在公司先將吸奶器徹底洗淨，回家後再進行消毒。

縫隙裡很容易殘留奶水，奶水乾透後會很難清洗乾淨，不利於衛生，因此吸奶後要及時清洗吸奶器及其他工具。

下班時，將吸出的母乳帶回家，可以第二天給寶寶食用。回家的路上，要確保母乳處於低溫環境中，到家後立即將母乳冷藏或冷凍，確保品質。

背奶媽媽需要注意的事項

提前練習吸奶或擠奶

很多母乳媽媽在家時奶量剛剛好，不需要吸奶或擠奶，對這項技術完全沒有經驗。需要背奶的職場媽媽最好在上班前，掌握好吸奶或擠奶的方法，與吸奶器做好足夠的磨合。

做好心理的調整

心理變化會影響腦下垂體分泌泌乳素和催產素這兩種哺乳必不可少的激素。媽媽需要在上班前調整好自己的心理，

避免產生對工作的抗拒和對背奶的畏難情緒，保持開朗的心情，樂觀接受身分和職責的轉變，要有足夠的信心，相信自己能夠同時兼顧職場女性和母乳媽媽的雙重任務。

遠離吸菸和輻射環境

母乳媽媽回到職場會有很多身不由己的時候，但要特別注意遠離吸菸和輻射環境，以免對母乳產生不良影響，影響寶寶的健康。

穿著的服裝要便於吸奶

盡量不穿連衣裙或過長的上衣。吸奶時，只需將上衣撩起並解開內衣就可順利吸奶，非常方便。

Chapter 4

職場媽媽的哺乳時間表

一般職場女性的工作時間是朝九晚五，重回職場前經過幾個月的哺乳，乳汁的產生已經比較規律。一般來說，職場母乳媽媽只需中午在公司吸奶一次就可以了，如果奶水較多，可以在下午再吸奶一次。

可以這樣安排一天的哺乳時間表：

起床後，七點三十分左右，媽媽可以直接給寶寶哺乳一次。哺乳後吸淨乳房中剩餘的奶水後上班，奶水可保存，給寶寶在當天食用。

午餐後，十二點左右，在公司吸奶。

下午，三點三十分左右，奶水量較大的媽媽可以再吸奶一次，一般來說不需要這次吸奶。

下班後，六點三十分左右，媽媽到家後可以直接給寶寶哺乳一次。晚上入睡前，十點左右，為寶寶哺乳一次。哺乳後可將剩餘的奶水吸出，留在第二天媽媽上班時給寶寶食用。

吸出的奶水使用正確的方法冷藏、冷凍，待解凍加熱後可以給寶寶食用。一般來說，媽媽早晨吸出來的奶進行冷藏，寶寶白天可以食用。中午和晚上吸出來的奶，進行冷藏第二天給寶寶食用。兩天內如果不食用，就要進行冷凍保存。

有以下幾點需要特別注意：

- 吸奶的頻率要根據媽媽的泌乳情況合理安排。需要在公司吸奶兩次或以上的媽媽，要在每次吸奶後做好吸奶器的消毒工作。如果不方便使用蒸煮的方法進行消毒，可以開水將吸奶器徹底燙洗一遍後再使用。市面上有一種奶瓶消毒鍋，如果條件許可，職場媽媽可放一個在公司使用。在家也可以使用奶瓶消毒鍋，非常方便。
- 如果媽媽沒有適宜的吸奶場地而不得不在洗手間吸奶，則需要特別注意衛生。吸奶用品不要接觸洗手間的任何地方，如果洗手間環境和空氣較差，建議吸出來的奶水最好不要給寶寶食用，不要因為心疼奶水而將可能被污染的母乳給寶寶喝。也不要因為奶水吸出來只能丟掉而放棄吸奶甚至終止哺餵母乳，要定期吸奶，避免退奶。

- 掌握好吸奶的時間規律。如果媽媽只方便在午休時間吸奶，那麼可以將中午吸奶的時間適當調整，等到下午快要上班的時候再吸，這樣可以堅持到下班回家給寶寶哺乳，不會造成漲奶或積奶。
- 如果實在不具備冷藏條件，吸出的奶水不要給寶寶吃，可以用來給寶寶洗澡，或製作母乳香皂。
- 在上班前練習好哺乳時間表。媽媽可以在上班前的半個月在家練習自己的職場哺乳時間表，掌握好自己的哺乳時間和吸奶時間。
- 不要過度勞累。職場媽媽需要做好工作，回家後要照顧寶寶，還有做不完的家務。媽媽一定要安排好自己的時間，適度休息，不要讓自己過於勞累，影響身體健康和母乳品質。寶寶爸爸要主動分擔家務，必要時可以請保母或鐘點家傭幫忙。
- 充足的睡眠時間。睡眠不足是職場媽媽遇到的最大難題，白天要上班、夜裡要給寶寶哺乳，睡眠品質無法保障。睡眠不足會影響媽媽的身體健康、工作效率，還有影響本來就不多的親子時間和品質。因此，母乳媽媽要盡量提早上床休息，最好在寶寶入睡後盡早休息，保證足夠的睡眠時間。

新手媽媽百寶箱

職場媽媽出差時需要注意的事項

- 如果母乳媽媽出差在外幾天，也不要忽視吸奶。切不可因為幾天的不方便就終止母乳。
- 如果出差路途較遠，不方便母乳的保存就不要強求，可以將母乳丟棄，但要定時吸奶。
- 如果需要坐長途火車或汽車不方便，可以透過前文介紹過的在外哺乳的遮擋方法進行遮擋，火車上可以到洗手間內吸奶。要安排好吸奶時間和頻率，避免積乳。
- 即便沒有出差，長時間開會時，職場媽媽也要安排好時間吸奶。
- 要盡量向公司爭取避免出差，一般而言，公司會對哺乳期的女性員工有所照顧。

Chapter 5

母乳的儲藏、解凍及食用方法

有的媽媽會問：擠出來的母奶帶回家，還能給寶寶吃嗎？不會變質或失去營養嗎？冷藏或冷凍的母乳，該如何給寶寶食用呢？

首先讓我們來瞭解一下，不同的冷藏方式下，母乳的保存時間：

- 母乳在室溫（攝氏二十五度）下，初乳可以保存十二小時，成熟乳可以保存四至六小時。
- 在一般冷藏室，可以保存五天。
- 在攝氏〇至四度的冷藏室，可以保存八天。
- 單門冰箱的冷凍層，可以保存十四天。
- 多門冰箱的獨立冷凍室，三至四個月。

• 攝氏零下二十度以下的專用冷凍庫，六至十二個月。

這些數字令您驚奇嗎？是不是從沒想過母乳居然可以保存這麼長時間？所以，不要輕易地丟棄母乳，為寶寶把母乳安全地保存起來。在上述的條件下和時間內，母乳不會變質，也不會損失營養。

母乳保存的注意事項

• 容器要密封。存儲杯和存儲袋，都可以作為母乳的存儲容器。使用存儲袋時要確保袋子直立放置，並將上端空氣擠出，容器要確保乾淨衛生。
• 建議小量分裝。母乳不可反覆解凍再冰凍，因此建議小量分裝，每份在一百毫升左右最佳。
• 在包裝上寫上日期，如果有多人存儲母乳，要寫上名字避免混淆。
• 不要裝得過滿。母乳凍成冰後，體積會有所增加，過滿會溢出容器。
• 冷藏優於冷凍。如果寶寶在四十八小時內會食用，冷藏即可。

• 同一天擠出的冷藏母乳，可以一起存儲。

• 可以在已經冷凍的母乳上加入新鮮母乳，但新鮮母乳需要先冷藏降溫，且要少於冷凍母乳。

• 使用冰箱冷藏或冷凍，不要將母乳放在冰箱門上，這樣容易造成溫度變化，不利於母乳保存。

母乳的解凍及加熱方法

冷藏母乳的加熱方法

將盛放母乳的容器直接放在溫水中或倒入奶瓶後，再放入攝氏六十度溫水中隔水加熱，注意水溫不可過高，將母乳加熱至攝氏三十七度左右就可以了。

切記不可將母乳直接熬煮或使用微波爐加熱，這樣會破壞母乳中的營養成分。可以選用溫奶器進行加熱，或在水中放置水溫計幫助掌握溫度。操作一段時間後，就可以熟練地掌握水溫了。

冷凍母乳的解凍及加熱方法

解凍方法分為慢速解凍和快速解凍。

慢速解凍就是將冷凍的母乳放入冷藏環境慢慢解凍，注意不可將母乳在室溫條件下解凍，避免孳生細菌。

快速解凍可將冷凍母乳先放入冷水中，然後逐步增加溫水進行解凍，同樣要注意水溫不可過高，避免破壞母乳營養。

待母乳解凍後再加熱，就可以給寶寶食用了，加熱方法和冷藏母乳的加熱方法相同。需要特別注意的是，冷凍母乳一旦解凍，即便沒有加熱，也不可再次冷凍，但可以在冷藏室放置二十四小時。

母乳解凍和食用的注意事項

- 已經加熱或解凍並加熱的母乳，不可以再次冷藏、冷凍。
- 存儲的母乳應該從日期早的開始食用。
- 擠出的母乳會出現脂肪分離的現象，可以看到上層的顏色較黃，下層的顏色較清，這是因為脂肪分離出來漂浮在上面，是很正常的現象，母乳依然是新鮮的，加熱後搖勻再給寶寶食用即可。

• 一定要在保存期內將母乳吃掉，不可食用過期母乳。

新手媽媽百寶箱

母乳珍貴，杜絕浪費

- 生育一個寶寶，媽媽只在這個週期內產生母乳，所以，母乳是不可複製的珍貴產物。
- 建議媽媽盡量不要丟棄母乳，而是將剩餘的母乳都存儲起來，即便在媽媽上班前也應該這麼做。存儲起來的母乳可以在媽媽生病不能哺乳、臨時外出時、恢復上班後，或由於各種原因母乳終止後給寶寶食用，但須注意母乳一定要在保存期內。
- 過多的母乳也可以用來幫助需要母乳的人。有的媽媽無法哺餵母乳，卻很想給寶寶吃母乳，奶水豐裕的媽媽可以將多餘的母乳送給需要的媽媽。
- 母乳除了用來食用，也可以用來給寶寶洗澡。母乳是最天然的護膚品，如果家裡存儲的母乳實在吃不完，可以在寶寶洗澡時放入寶寶浴盆。

以母乳製作手工皂

手工香皂滋潤度高、不含人工合成洗滌劑、香料、色素，而且還可以根據自己的喜好選擇香氣種類，很多追求時尚、健康天然的人都很喜歡。

由於母乳天然、健康、營養豐富，具備很高的營養價值和美容功效。將吃不完的母乳融入手工香皂，製作出來的香皂用來給寶寶洗澡，是最佳清潔、護膚品。當然，媽媽和其他家庭成員也可以使用，用來送人也非常不錯。

手工皂的製作方法有很多種，例如：冷製法、熱製法、融化再製法、再生皂等。由於高溫會破壞母乳中豐富的營養成分，所以在製作母乳手工皂時最好選用冷製法。冷製法可以有效保留母乳的營養價值和美容功效，缺點是需要放置一個月才能使用。

下面介紹用冷製法製作母乳皂的流程：

- 稱量適量的氫氧化鈉，二百克左右。
- 將氫氧化鈉溶解並降至室溫。
- 稱量要使用的油脂，一千克左右，可以多種油脂搭配使用，但要保持液態。
- 將降至室溫的液態氫氧化鈉倒入油脂中，充分攪拌。
- 將一百五十克左右的母乳倒入油脂與氫氧化鈉的混合物中，繼續攪拌。
- 將攪拌好的混合物倒入模具中。
- 充分保溫二十四小時後就可以脫模，再放置一個月後即可使用。

製作母乳皂的注意事項

關於氫氧化鈉

有的媽媽可能會產生疑問，氫氧化鈉屬於鹼性物質，會不會傷害皮膚？特別是寶寶幼嫩的皮膚呢？

關於此點，完全不必擔心。氫氧化鈉和油脂混合後會發生化學反應，生成潤膚的甘油，並形成皂體。也就是說，只要氫氧化鈉和油脂的比例適當，經過充分的化學反應後，氫氧化鈉就會完全被分解生成其他物質，不會有殘餘的氫氧化鈉留在母乳皂中。

由於氫氧化鈉在溶解的過程中會產生熱能，熱能會破壞母乳中的營養物質，因此必須先將氫氧化鈉溶解後再加入母乳。

由於氫氧化鈉具有腐蝕性，因此在母乳皂的製作過程中要注意做好防護措施，戴上口罩、手套和圍裙，避免鹼性的氫氧化鈉侵蝕皮膚和衣服。最好提前準備一杯白醋，必要時可及時中和氫氧化鈉的鹼性。

關於油脂

搭配使用不同種類的油脂，可以製作出不同功能、味道的母乳皂。下面介紹幾種手工皂製作中常用到的油脂及主要功效：

●**橄欖油**：橄欖油具有神奇的護膚功效，因為含有極易被人體吸收的角鯊烯以及種類豐富的不飽和脂肪酸，吸收性強，有去皺、防衰老的作用，還能防治手足的皸裂。橄欖油的另一神奇功效是可防癌、防輻射。

●**椰子油**：椰子油起泡度高，洗淨力強，是製作手工皂的常用油脂。但用椰子油製作母乳皂時，比例需控制在總油脂量的百分之二十以內，過多會造成皮膚乾澀。椰子油易凝，天氣較冷時使用需要提前融化。

●**棕櫚油**：使用棕櫚油做的手工皂硬度較高，可以讓手工皂溫和厚實，也是很常用的手工皂油脂。棕櫚油常和椰子油一起使用，因為它起泡率很低，可以和椰子油優勢互補。使用棕櫚油通常占油脂總量的百分之十至二十即可，過多會造成皂體過硬。棕櫚油在低溫時會變得很濃稠，要隔水加熱後使用。

● **芝麻油：** 芝麻油具有保濕性很高的成分，適合乾性皮膚的人或生活在氣候乾燥地區的人使用。以芝麻油製作的手工皂，泡沫豐富，透明度高。芝麻油比例過多，會讓皂體稀軟，建議用量占油脂總量的百之三至五即可。使用芝麻油製作手工皂時，脫模的難度比較高，建議不要使用形狀過於複雜的模子。

● **可可脂：** 在預防妊娠紋的乳霜中常見可可脂，可見這是一種可以增強皮膚彈性的油脂成分。使用可可脂製作的手工皂，泡沫細膩，手感扎實又細膩，可以提升手工皂的品質。

媽媽們可以選用不同的油脂製作出自己喜愛的母乳手工皂，另外，使用各種模具可以讓手工皂形狀更加漂亮。媽媽們可以學習各種不同的製作方法，做出漂亮又實用的母乳手工皂。

千萬不要忽視寶寶的感受

和自己朝夕相對、寸步不離的媽媽就要去上班了，不能二十四小時陪著自己了，不能只吃熟悉的媽媽的乳頭了，要學會適應口感不太一樣的奶瓶，照顧自己的人也要變了……作為職場媽媽的寶寶來說，需要適應的東西可真多。

回歸職場，媽媽需要調整好自己的生活和心理，寶寶同樣也需要調整適應，媽媽千萬不要忽視了寶寶的感受，一定要幫助寶寶做好這一階段的調整，確保寶寶能和媽媽一起順利過渡。

提前學會「媽媽上班後的吃奶方式」

要讓寶寶學會使用奶瓶吃奶。吃母乳的寶寶通常都會比較抗拒奶嘴，但在媽媽上班後寶寶不得不靠奶瓶填飽肚子。雖然不提倡讓母乳寶寶過早接觸奶嘴，避免造成乳頭和奶瓶的混淆，但職場媽媽一定要在上班前確保寶寶能夠順利使用奶瓶。

該如何讓母乳寶寶愛上奶嘴呢？

選對時機

在寶寶感到特別饑餓的時候使用奶瓶，饑餓感會讓寶寶在某種程度上「饑不擇食」，比較容易接受奶瓶。另外，要在寶寶心情愉悅、身體健康、沒有哭鬧的時候使用奶瓶，這樣也會順利一些。

巧妙過渡

在寶寶睡前進行哺乳時，可以先用乳頭餵奶，待寶寶迷迷糊糊出現睡意的時候，再換上奶瓶，這樣寶寶會對奶嘴產生模糊的感覺，慢慢就會適應。

從水開始

寶寶四個月開始添加輔食後就需要喝水了，這時媽媽們可以使用奶瓶給寶寶餵水，讓寶寶慢慢適應。

選對奶嘴

剛開始使用奶瓶時，要盡量選擇和媽媽乳頭質感、形狀相似的奶嘴。市面上可以找到這類的產品，待寶寶慢慢適應後再使用其他類型的奶嘴。

提前練習

在媽媽上班前就要練習將母乳吸出倒入奶瓶餵給寶寶吃，給寶寶一些時間，讓寶寶慢慢適應。當寶寶發現奶瓶中流出的奶和媽媽的母乳是同樣的味道時，對奶嘴也就不會那麼抗拒了。建議在媽媽上班前二到三週就開始這項練習。

循序漸進

在奶瓶訓練的過程中，媽媽切不可心急，一定要根據寶寶的感受循序漸進地進行。如果過於急躁，會引起寶寶的反感，反而讓寶寶更加抗拒奶嘴。

提前模擬「媽媽上班後的吃飯時間表」

通常在媽媽上班後寶寶也要開始添加輔食，奶量也會有所減少。每個寶寶由於身體發育情況或餵養習慣的不同，吃奶的時間也不相同。

母乳媽媽最好在上班前的一到兩週時間，就開始模擬上班後的餵養時間。媽媽應該按照上班後的作息時間表，哺乳、吸奶、用奶瓶餵奶、吃輔食、喝水，並逐步建立適合寶寶的個性化餵養時間，讓寶寶提前適應「媽媽上班後的吃飯時間表」。特別是時間表上媽媽不在家的這段時間，一定要提前確定好寶寶的用餐時間。

提前適應「媽媽上班後的生活」

主要是要讓寶寶適應和媽媽的分離。寶寶之前的生活裡，媽媽和他朝夕相對，從不分開，他的一切都是由媽媽料理：吃奶、大小便、睡覺、遊戲、散步……等。

媽媽上班後，每天至少有八個小時的時間不能陪在寶寶身邊，這種分離如果處理不好，很容易讓寶寶喪失安全感和對媽媽的信任，對新生活模式的不適應容易讓寶寶心情煩躁甚至生病。

建議媽媽們在上班前開始培養和寶寶之間的「分離訓練」。即每天媽媽都離開家一段時間，讓寶寶慢慢適應和媽媽的分離，直到寶寶在心理上接受這種生活模式，讓寶寶明白：媽媽只是去上班了，很快就會回來繼續陪伴我。

進行分離訓練時要注意以下幾點：

- 提前模擬訓練「媽媽上班後的吃飯時間表」，媽媽在某些時段不在家，讓寶寶適應這種新生活。
- 逐漸加長和寶寶分離的時間。媽媽剛開始可以每次離開一個小時，然後出現在寶寶面前，接著調整為兩個小時、三個小時……直到全部工作時間。和寶寶分離的時間逐漸加長，讓寶寶慢慢適應。
- 要給寶寶信心和關心。媽媽每次見到寶寶，要用類似的語言撫慰寶寶：「看，媽媽回來了」、「媽媽離開之後也會回來陪寶寶」、「媽媽下班回來陪寶寶啦」，並擁抱、親吻寶寶。讓寶寶知道「媽媽只是去上班了，媽媽還會回來，不會丟下我，媽媽依然愛我」，以維護寶寶的心理健康。

提前適應「媽媽上班後的代養人」

媽媽上班後，寶寶需要新的代養人，代養人可能是家中的其他親屬或者保母。代養人與寶寶是否能相處愉快，關係到寶寶在媽媽上班後是否能健康成長、快樂生活，非常重要。

代養人的選擇很關鍵

代養人要有一定的育兒知識、心理和身體都健康、善良、勤快、有愛心，喜歡孩子。如果是家中親屬，則需要選擇關係好、放心、可靠的人選。如果是保母，一定要透過安全的管道聘請。

要讓代養人與寶寶充分熟悉

在媽媽上班前，一定要請代養人提前到家中，和寶寶充分熟悉，讓寶寶對代養人產生親切、信任的心理，確保今後寶寶和代養人能相處愉快。

媽媽要對代養人進行充分的考察

要考察代養人是否具備一定的育兒知識，是否喜歡孩子，是否有足夠的耐心和愛心等。建議在媽媽上班前的一到兩週就請代養人來到家中，配合前面提到的吃飯訓練和分離訓練一起進行。

媽媽要與代養人進行逐步過渡

開始時，媽媽可以和代養人一起照顧寶寶，然後媽媽慢慢地淡出，讓代養人來照顧寶寶的生活。注意這個過程一定要循序漸進，慢慢增加寶寶和代養人單獨相處的時間。

母乳媽媽回歸職場，對媽媽和寶寶都是一次考驗。這個過程，媽媽必須要妥善處理好，讓媽媽和寶寶都順利過渡，並哺餵母乳到最後。

職場媽媽盡量多陪伴寶寶

・如果時間允許，媽媽請中午回家

如果公司與家距離不遠，時間也允許，媽媽中午最好可以回家陪伴寶寶。這樣做不僅免去了吸奶的麻煩，還能增加職場媽媽本就不多的親子時刻。媽媽的陪伴對於寶寶來說是無可替代的，對於寶寶的身心發育都是非常有益的。

・推掉無謂的應酬

職場上總有很多應酬會侵占媽媽的下班時間。母乳媽媽最好推掉無謂的應酬，不但因為應酬的環境不利於健康，更侵占了職場媽媽珍貴的親子時刻。盡量準時下班回家陪孩子，這才是最重要的，當然前提是不過分影響工作。

・晚上陪寶寶睡覺

有很多職場媽媽覺得和寶寶一起睡覺會影響睡眠，繼而影響第二天的工作。事實上，陪寶寶睡覺能給寶寶足夠的安全感，建立寶寶正常的情感依賴，還能方便夜間哺乳。母乳媽媽可以盡量早些上床，保證充足的睡眠時間。

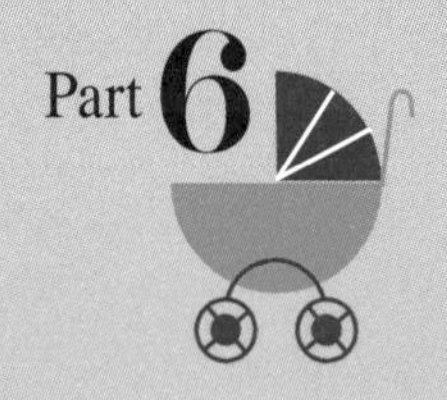

母乳餵養，爸爸也很重要

面對家庭人員的變化，面對需要照顧的孩子，
面對辛苦哺餵母乳的妻子，爸爸們要做的事情其實有很多。
新手爸爸究竟該如何調整好自己的心態，
帶領全家迎接新的生活呢？
要怎樣才能做一個疼愛妻子的好丈夫？
做一個合格又能疼愛寶寶的好爸爸呢？對於母乳餵養這件事，
爸爸們究竟又該做些什麼呢？

Chapter 1

做一個優秀的母乳爸爸

什麼是「母乳爸爸」？母乳爸爸是堅決用思想和行動，鼓勵和支持妻子實行母乳餵養的爸爸。一個優秀的母乳爸爸，對能否成功地實行母乳餵養非常重要。

母乳餵養的宣傳員

不可否認，有一些準媽媽在孕期裡對於母乳餵養的重要性和益處認識不足，對於母乳餵養並非十分信任而心存疑慮，有的準媽媽甚至固執地認為母乳餵養不如人工餵養，對母乳異常抗拒。

作為一名準爸爸，應該和妻子一起瞭解母乳餵養的有關知識。讓妻子明白，母乳是世界上最為珍貴和適合寶寶成長的食物，其營養豐富、易於吸收的特點，以及可以讓寶寶更聰明、更健康的功效，是沒有任何一種食品能夠替代的。

為了讓妻子消除對於母乳餵養的顧慮，準爸爸應該多向妻子灌輸關於母乳餵養對女性健康的有益之處，告訴妻子母乳餵養有助產後子宮的復原，有助身材的恢復，還會降低罹患一些可怕疾病的機率，最重要的是可以讓媽媽和寶寶更加親近。準爸爸還應該告訴妻子，不會對妻子因為哺乳可能造成的乳房下垂而心生嫌隙。

準爸爸應該鼓勵妻子多瞭解母乳餵養的相關知識，閱讀有關的資料和書籍。在寶寶出生之前，夫妻兩人要掌握母乳餵養的基本要點，和可能遇到的問題及化解方法。

母乳餵養的勤務員

母乳媽媽很辛苦，需要付出的非常多。作為寶寶爸爸，應該主動為妻子分擔壓力和家務勞動。

寶寶出生後，爸爸應全力做好母乳餵養的保障工作。母乳媽媽特別是新手媽媽在剛開始哺乳時，方法不夠熟練，和寶寶的磨合不夠，總是會遇到各種困難，讓媽媽異常沮喪。這時，寶寶爸爸需要從精神上撫慰妻子，給妻子足夠的信心，多說些鼓勵的話語。同時，要和妻子一起克服困難，解決各種難題，讓母乳餵養順利進行。

母乳媽媽的營養狀況也是寶寶爸爸應該關注的問題。爸爸應該瞭解哪些食物是發奶的，哪些食物是退奶的，哪些食物是母乳媽媽應該多吃一些的，哪些營養物質是哺乳期內不可或缺的。然後再根據妻子的口味準備可口的食物，即便寶寶爸爸沒有時間天天都為妻子下廚做飯，週末或假期中的一次下廚也會讓妻子異常感動。爸爸如果真的不會或沒有時間做飯，也應該瞭解哺乳期的有關飲食要點，叮囑其他家人或保母多加注意。

母乳媽媽很辛苦，需要二十四小時貼身照顧寶寶，還有很多家務需要做。寶寶爸爸應該在工作之餘主動幫助妻子分擔家務、照顧孩子，讓妻子有時間放鬆自己，調整狀態。

母乳餵養的消防員

母乳餵養中會遇到一些突發的狀況，這些狀況發生時，就需要寶寶爸爸像「消防員」一樣緊急處置，讓母乳餵養繼續下去。

產後開奶時，由於母乳媽媽乳腺不夠暢通或者寶寶吸吮力不夠而無法順利開奶，就需要寶寶爸爸勇於「獻身」了。寶寶爸爸可以幫忙吸吮，幫忙疏通乳腺，並刺激泌乳。等到成功開奶、寶寶順利吃到母乳時，寶寶爸爸就可以功成身退。

哺乳時，如果媽媽發生了積乳或乳腺炎等狀況，寶寶爸爸也需要拔刀相助。首先要帶妻子去看醫生，讓醫生針對病情進行有關的處置，不能因為怕麻煩或妻子抗拒看醫生而不去就醫。其次要協助妻子做好乳房的熱敷和按摩，幫助妻子準備溫度相對高一些的熱毛巾反覆熱敷，並將淤積的硬塊揉開。最後也是相當重要的一點，當積乳或乳腺炎發生時，由於身體上的痛苦，媽媽的心情也會變得很差，寶寶爸爸要接納妻子此刻的負面情緒，對妻子要溫柔、體貼，並幫助妻子建立信心。

母乳爸爸，拒絕「吃醋」

女人在產後，會因為丈夫將一部分精力和愛分給了孩子而抑鬱，但其實很多男人也會因為妻子在產後，將絕大部分的精力和愛都給了孩子而「吃醋」。

不要介意妻子的忽視

一個人的精力有限，母乳媽媽在照顧寶寶的過程中，會將自己的大部分時間和精力都投注到寶寶身上，經常會忽略了丈夫的存在，忽視了丈夫的情感需求。

作為寶寶爸爸，一定不要介意妻子這樣的忽視，要體諒她的精力有限。要體貼妻子為家、為孩子的辛苦付出，不要因為妻子暫時的忽視就心生埋怨，認為妻子不愛自己了。也希望寶寶爸爸明白這一點，寶寶是兩個人的愛情結晶，妻子愛孩子也就是愛丈夫。

與妻子一起照顧寶寶

其實，寶寶爸爸與其選擇「吃醋」，不如積極參與孩子的照顧。在與妻子共同照顧孩子的過程中，不僅可以體驗到照顧寶寶的無限樂趣，還能體驗到夫妻相濡以沫、共同撫育孩子的幸福，以及一家人生活的無限溫馨。

寶寶爸爸和妻子一起，幫寶寶換尿布、給寶寶洗澡、陪寶寶遊戲。父母的陪伴是孩子最好的禮物，夫妻一起照顧寶寶，既能讓寶寶爸爸體會到妻子的辛苦，又能增加與妻子相處的幸福時光。

哺乳期拒絕出軌

在家照顧寶寶、餵養母乳的媽媽，會保持著居家的裝扮，可能髮型不夠精緻、衣著不夠光鮮，看起來不夠迷人，而且由於生理和心理原因，會出現性冷淡的情況。一些自制力不強的男人，會在這個階段出軌，甚至背叛婚姻。

作為一個父親，應該多考慮妻子在這一時期的辛苦付出，用心去感受妻子身上散發出的女性特有的美，不要因為一時的衝動做出對不起家庭的事情。

接受妻子的「性冷淡」

哺乳期的女性雌激素水準較低，加上生產所帶來的恐懼心理，以及照顧寶寶的勞累，很多媽媽會出現暫時的「性冷淡」。寶寶爸爸要充分理解妻子的生理和心理變化，不要強迫妻子進行性生活。

如果要進行性生活，要選擇妻子身體狀態和情緒好的時候，慢慢挑動妻子的性欲，不要過於強硬。如果妻子陰道乾澀，可以藉助潤滑油，不要弄疼妻子。雖然母乳餵養是天然的避孕方式，但並非百分之百安全，仍然要做好避孕措施。生產後六週之後，才能開始性生活。

母乳媽媽，不要過度忽視丈夫

哺乳期的母乳媽媽，儘管很累很辛苦，也要盡量照顧到丈夫的情緒，不要讓哺乳期成為自己婚姻的「滑鐵盧」。

- 準備幾套漂亮的家居服，良好的裝扮不但會取悅丈夫，也會讓自己更開心，亮麗的顏色對寶寶的視覺也是很好的刺激。
- 讓自己在家也盡量美麗。頭髮梳理整齊，即使是家居裝扮也整潔清新，不論是孩子還是丈夫都喜歡這樣的您。
- 每天給予丈夫足夠的關心。丈夫下班後詢問工作情況、身體情況，一邊照顧寶寶一邊和丈夫聊天。
- 調整自己的性冷淡。克服心理的恐懼，多和丈夫親吻、擁抱等親密接觸，恢復自己正常的生理欲望。

母乳爸爸，讓寶寶感受到您的父愛

千萬不要認為寶寶是媽媽一個人的責任，即便妻子是一個全職媽媽，在一個孩子的成長中，父親同樣承擔著重要的責任。

不要以為襁褓中的寶寶什麼都不懂，寶寶一樣會從爸爸的貼身關懷、認真照顧和溫馨陪伴中感受到濃濃的父愛。這些感受，會幫助寶寶建立起應有的安全感，形成健康的情感依賴，有助於寶寶健康的心理發育，是寶寶一生的財富。

由於哺乳是媽媽的專利，別人無法插手，媽媽「壟斷」了照顧寶寶的大部分時間。那麼，優秀的母乳爸爸該如何讓孩子感受到自己的父愛呢？

哺乳時的陪伴

媽媽在哺乳時，爸爸可以靜靜地陪伴妻子給寶寶餵奶。這樣的陪伴，可以增進爸爸和寶寶之間的感情，延長父親與孩子之間的親子時間。但需要注意，爸爸陪伴時不要干擾寶寶吃奶，不要刻意出聲分散寶寶吃奶的注意力，只是靜靜陪伴著就好。如果寶寶吃奶時拒絕爸爸的陪伴，爸爸也不要勉強。

給寶寶拍嗝

哺乳後寶寶需要拍嗝，這項工作由爸爸來完成很合適。長時間的親密接觸，會讓寶寶感受到爸爸強有力的溫暖。趴在爸爸肩頭，能帶給寶寶十足的安全感。男人抱孩子是一幕很美的風景，高大的男人和小小的寶寶，總給人一種別樣的溫情。

為寶寶洗澡

如果有時間，就讓爸爸來給寶寶洗澡，即便是女寶寶也完全沒有問題。在孩子開始有性別意識之前，爸爸給女兒洗澡都沒有問題。對於小孩子來說，洗澡是一段很美好的遊戲時光。這段時光裡如果有爸爸的陪伴，可以建立起孩子對爸爸的信任和親近感。

上下班的親吻

爸爸上下班之前，只要寶寶沒有睡覺，就給寶寶一個親吻，告訴他「爸爸去上班了」、「爸爸回來了」。這樣一個小小的親吻，能增進親子關係，建立孩子的安全感，不會產生分離恐懼。

陪寶寶散步、遊戲

天氣好的時候多帶寶寶到戶外活動，和寶寶一起散步、做遊戲。在家的時候，可以陪伴寶寶玩一些媽媽很難做到的遊戲，比如將孩子反覆舉起放下、讓孩子騎到自己的肩膀上、將孩子平行於地面托起像飛機一樣飛翔。這樣既可以鍛鍊寶寶的膽量，訓練前庭平衡，還能增進親子關係，是簡單且效果好的遊戲方法。

上述都是爸爸很容易做到的陪伴寶寶的方法，都能夠讓寶寶感受到來自爸爸的愛和關心，讓寶寶和爸爸更親密。

新手媽媽 百寶箱

增進感情的Bed time

不論寶寶是否與大人同床，也不論在哺乳期夫妻是否能夠同床，每晚臨睡前都要撥出一段時間（一個小時左右）作為一家人的Bed time。

・Bed time分為兩個時段

一家人的Bed time和夫妻的Bed time。一家人的Bed time：爸爸、媽媽和寶寶可以躺在床上聽音樂、講故事，或者進行親子閱讀。然後媽媽可以給寶寶餵奶讓寶寶慢慢入睡，爸爸在一旁陪伴。這段時間不要做過於激烈的遊戲，讓寶寶過度興奮，會不利於寶寶的睡眠。盡量做一些安靜、悠閒的事情，讓寶寶逐漸安靜下來，順利入睡。

・夫妻的Bed time

寶寶入睡後，夫妻二人應該享受一段屬於自己的「二人世界」。兩個人可以躺在床上聊天、擁抱、進行性生活，如果和寶寶同室，需要注意動靜不要過大影響寶寶休息。Bed time的內容可以根據夫妻兩人的愛好進行調整，只要開心、放鬆、促進夫妻感情即可。

Bed time是一段很美妙的時光，這段時光可以促進家人之間的感情，也是一種很好的休閒和放鬆。

爸爸通常都工作忙碌，很辛苦，陪伴寶寶的時間和精力有限，因此爸爸們一定要注意盡量撥出時間來陪伴寶寶，如果實在太累了，哪怕是靜靜注視著寶寶遊戲，都是表達父愛的一種方式。

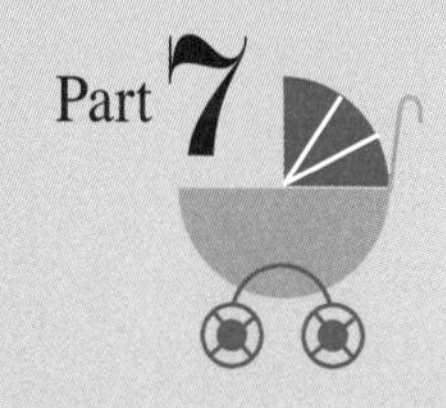

快樂斷奶
請慢慢來

母乳寶寶是幸運的，他們能享用到世界上

最珍貴、最有營養、最有助健康發育的，

並且是不可複製的食物——母乳。隨著寶寶的年齡愈來愈大，

給寶寶斷奶的問題就來到了媽媽眼前。

斷奶，無論是對於媽媽還是寶寶來說，都是一件大事。

如果斷奶的方法不科學、時機不當，

會對寶寶的身體和心理造成非常嚴重的不良影響。

有計畫地選擇斷奶時機、正確選擇斷奶方法，

才能讓寶寶自然地離開母乳。

究竟該何時給寶寶斷奶？

對於餵養母乳的時間長短問題，一直存在很大的爭議。坊間流行這樣的說法：母乳過了六個月就沒有營養了，不再能保證寶寶生長的需要了。這樣的說法讓很多媽媽在六個月的時候終止了母乳餵養，不能不說是一種遺憾。

六個月之後的母乳就沒有營養了嗎？那麼給寶寶吃的配方奶粉也是母牛在產後六個月之內擠出來的嗎？誰也不知道答案，那麼為什麼寧願選擇根本不熟悉的配方奶粉，卻放棄自己更有保證的母乳呢？

正確的說法應該是這樣的：半年之後的母乳並不是沒有營養，而是寶寶開始需要更加豐富的食物了。六個月之前的寶寶可以從母乳中攝取所需的全部營養，隨著寶寶的不斷生長，需要更多的營養，單純的母乳餵養已經不能確保寶寶的營養需求了，這時就需要開始給寶寶添加輔食，來提供更加豐富的營養。吃奶粉的寶寶一樣需要添加輔食，這是寶寶生長發育的需求，和母乳本身並沒有關係。對於一周歲以內的寶寶來說，母乳始終是寶寶最重要的營養來源。即便斷離母乳，也要吃奶粉，那何不繼續給寶寶吃母乳呢？所以，在寶寶六個月的時候斷奶，絕對是錯誤的選擇。

至於究竟應該餵養母乳多長時間？國際母乳協會和國際衛生組織建議至少要餵到一歲。很多專家都建議餵到兩歲甚至更長的時間，直到寶寶自己不再想吃母乳為止，一般來說兩歲的寶寶就會對吃奶不感興趣了。

自然離乳，才是給寶寶斷奶的最佳時機。

自然離乳有兩種方式：一是媽媽不再分泌乳汁；二是寶寶不再想要吃母乳。

由於激素的變化、工作的奔波和生活壓力大等原因，媽媽的乳汁會減少甚至消失。但由於這種過程都是循序漸進的，已經添加了輔食的寶寶，通常都能適應媽媽乳汁慢慢減少直到消失的變化，可以逐漸從添加的奶粉和輔食中汲取足夠的營養，很自然的離開母乳。

斷奶，實際上就是寶寶心智發育到一個階段的反應。隨著寶寶的心智發育逐漸成熟，已經從享用母乳的過程中汲取了足夠的心理能量和身體能量，開始獨立的個性發育了，他們在情感上已經愈發獨立。不缺乏安全感和情感依賴的寶寶會自己決定不再需要母乳，這樣的斷奶過程沒有一點不順利。

不管是在上述哪一種情況下斷奶，都是比較自然的斷奶時機，寶寶能很好的適應這種食物上的變化。

若由於長期出差、上班、生病或其他原因，母乳媽媽沒有條件給寶寶實行自然離乳，需要使用比較生硬的辦法給寶寶斷奶，則需要注意以下幾點：

- 至少要餵養母乳六個月，能餵到一年更好。
- 選擇春末、秋末比較舒適的季節斷奶，避開高溫躁動的夏日和寒冷的冬日，否則會讓寶寶格外不適應。
- 不要在寶寶剛病癒後斷奶，要選擇寶寶身體好的時候進行斷奶。
- 斷奶前要給寶寶做一次身體檢查，確保寶寶身體發育正常再斷奶。
- 一旦決定斷奶，就不要反覆，停幾天餵幾天，容易造成寶寶的混淆，不利於斷奶。

Chapter 2

正確的斷奶方法

自然離乳的情況下，斷奶不需要使用特殊的方法，寶寶會自己慢慢開始食用新的食物，過程會很自然。

如果需要刻意的斷奶，則需要注意以下要點：

● **奶瓶訓練：**在徹底斷奶之前，要讓寶寶學會使用奶瓶，之前的章節中介紹過有關奶瓶訓練的方法。

● **做好斷奶的心理準備：**斷奶時媽媽會產生一定的失落感，認為寶寶不再需要自己了，寶寶也會因為失去了吃母乳時與媽媽的親暱而產生失落情緒。

媽媽應該積極、主動調整自己的心態，從別的方面更加關心寶寶，多陪伴寶寶，給自己心理適應與緩衝。媽媽應該讓斷奶的過程盡量柔和，對寶寶應該多些親暱，並用語言告訴寶寶：「雖然媽媽不再餵你母乳，但媽媽會依然陪著你，依然愛你。」

● **逐漸減少母乳：**逐漸減少母乳餵養次數，讓寶寶慢慢適應。建議從白天的母乳餵養開始減少，然後是夜奶，最後斷離臨睡前的那次母乳。期間一定要多陪伴寶寶，特別是臨睡前，不要讓寶寶因為斷奶而失去安全感。

● **添加輔食：**斷奶期間，隨著哺乳次數的減少，輔食量要逐漸增加且營養豐富，以滿足寶寶的生長需求。

● **母嬰分離：**寶寶吃母乳，不但是營養的需求，更是一種情感上對媽媽的依賴。之前介紹過職場媽媽由於工作需要，寶寶要學會適應與媽媽的分離。斷奶時，讓寶寶和媽媽適當分開，一樣可以協助斷奶順利進行。需要注意的是，這種分離一定要慢慢進行，逐漸加長分離時間，讓寶寶逐漸適應，不要讓寶寶失去安全感。

非自然的斷奶對寶寶確實是一個很大的考驗，很多寶寶在斷奶期由於心理和身體的不適應而生病。這種斷奶常常是由於迫不得已，媽媽只能盡自己最大努力，減少對寶寶的傷害。斷奶期間一定要給寶寶足夠的安撫，減少寶寶的心理傷害。

既然決定斷奶，就要下定決心，不要因為寶寶的哭鬧就心軟，反覆的斷奶對寶寶傷害更大。

密切關注寶寶的身體情況，調整輔食的營養結構。

斷奶要循序漸進地進行，不能過於心急，要讓寶寶慢慢適應。

每個寶寶的情況都不一樣，媽媽需要根據寶寶的身體、心理情況和適應能力，慢慢摸索出適合自己孩子的斷奶進度與方法。

斷奶後要適當添加其他乳製品。三歲前的寶寶建議喝配方奶粉，三歲後可以喝成人飲用的牛奶，寶寶一歲後可以開始喝優酪乳。

科學退奶的方法

退奶是母乳餵養的最終環節，也非常重要。退奶不當，會造成積乳甚至誘發乳腺炎。母乳媽媽在斷奶時一定要注意科學退奶，避免造成身體的傷害。

一般來說，隨著哺乳次數的減少和體內激素的變化，媽媽的乳汁分泌也會慢慢減少甚至消失，這就是自然退奶。自然退奶沒有痛苦，對身體傷害小。

不能自然退奶的的情況下，可採用食物退奶和藥物退奶。

退奶的食物前文介紹過，平時在飲食中多吃一些退奶的食物，可以讓乳汁慢慢減少甚至消失。

另外一種就是藥物退奶。急於退奶的媽媽可以使用藥物退奶的方法，針劑以及口服中藥、西藥都有，媽媽可以在醫生的指導下加以選擇。西醫使用的退奶方法就是口服或注射雌激素類藥物，如口服乙烯雌酚，肌肉注射苯甲酸雌二醇。

新手媽媽百寶箱

幾種常用的退奶藥方

- 炒麥芽一百克，用水煎服。
- 用紗布包裹皮硝敷於乳房上，待皮硝潮解後更換，每天二至三次。
- 陳皮和甘草以四比一的比例煎服，多次服用。
- 麥麩六十克、紅糖三十克，先將麥麩炒黃後加入紅糖，兩日內食用完。
- 生枇杷葉十五克，煎煮後取代茶飲。
- 花椒十二克，加水四百毫升，
  熬至兩百五十毫升，
  加入紅糖飲用，每日兩次。

為寶寶的健康添加輔食

隨著寶寶漸漸長大，單純的母乳已經不能滿足寶寶生長發育的營養需求了，這時就需要給寶寶添加輔食了。

純母乳餵養的寶寶一般四到六個月添加輔食即可，過早不利於寶寶的消化吸收，對腸胃造成傷害。過晚會影響寶寶的味覺功能和咀嚼功能的發育。

為寶寶添加輔食的注意事項

每次只增加一種食物

開始給寶寶添加輔食的時候，每次只添加一種，餵食三到五天之後，如果寶寶沒有出現消化異常和過敏現象，可以繼續給寶寶吃，並可以考慮添加第二種食物。第二種食物同樣要重複這樣的程序，接著再添加第三種食物。

食物的量逐漸增加

第一次給寶寶餵輔食時，只給一般大小的羹匙四分之一量即可，每天一到兩次，逐日增加。

選好添加輔食的時間

開始為寶寶添加輔食時，不要選擇寶寶過度饑餓的時候，饑餓的寶寶對新鮮食物會產生煩躁情緒。應該選擇兩頓奶之間給寶寶餵輔食，上下午各一次即可。

仔細觀察寶寶的反應

添加輔食要遵守循序漸進的原則，慢慢增加種類和量。媽媽要細心觀察寶寶吃輔食的反應，包括食用的量和食用後的反應。如果寶寶吃輔食後出現過敏，需要立刻停止並諮詢醫生。如果寶寶出現腹瀉或便祕，則說明寶寶的腸胃功能尚不適合這種輔食，可以稍後再給寶寶吃。

為寶寶製作輔食需要注意以下幾點：

使用健康的加工方法，盡量用蒸煮的方式處理食物。

寶寶吃的食物要新鮮、衛生，並盡量天然。

一歲以內的孩子的輔食裡不要放鹽，一至三歲的幼兒每天吃鹽不能超過二公克，否則會影響寶寶腎臟健康。

食物要從流質到半流質最後才是固體。開始添加輔食的時候要為寶寶製作易於消化吸收的流質食物，然後根據寶寶吃輔食的情況慢慢過渡到半流質、固體食物。

要根據寶寶的月齡適齡製作輔食，不能過於心急，不同月齡的寶寶適應不同的食品。

不同月齡寶寶的輔食清單：

- **一至四個月**：母乳。
- **四至六個月**：一段米粉、蛋黃泥、單一的水果泥、蔬菜泥、豆漿等。
- **六至八個月**：二段米粉、泡軟的兒童餅乾、混合蔬菜泥、水果泥、蒸蛋、菜末、豆腐、軟麵包等。

●八至十二個月：三段米粉、軟麵條、稠粥、混合水果泥、蔬菜泥、軟菜、豆製品、全蛋等。

●十二個月之後：寶寶的腸胃及咀嚼功能愈發完善，牙齒也愈長愈多，可以慢慢豐富食物的種類，只要沒有過多的調味料和添加劑，不是過硬、難以消化的食物，都可以試著給寶寶吃。在給寶寶吃這些食物的時候，同樣要注意觀察寶寶的消化情況和有無過敏現象。

輔食配比要合理。輔食種類添加豐富之後，應該確保寶寶每天所吃的輔食中含有下列四種營養物質：

●碳水化合物：透過主食獲取，包括各種粥、麵條等。

●蛋白質：主要從豆類、奶類食品中獲取。

●礦物質、維生素：蔬菜、水果是主要來源。

●熱能：適量的糖類和含油脂的食物。

每個寶寶的生長發育情況都不盡相同，應該根據寶寶的實際情況進行輔食的添加。寶寶吃輔食應該是快樂的，這樣才能讓寶寶感受到食物帶來的幸福感。如果寶寶對吃輔食很抗拒，媽媽也不應該勉強寶寶接受，可以試著換一種食物或嘗試新的製作方法，慢慢喚起寶寶對食物的興趣。

市面上有輔食成品出售，不太會做飯和沒有時間給寶寶做輔食的媽媽們，可以選擇安全的品牌給寶寶食用。輔食成品都標有適合食用的月齡，只需按照包裝上的標註給寶寶食用就可以了。不過從食品的安全性考慮，還是推薦媽媽們自己製作輔食。

隨著寶寶逐漸長大，輔食可以慢慢豐富起來，只要符合上述的輔食製作原則，媽媽們可以摸索出更加美味、適合寶寶食用的美食。

斷奶，是母乳餵養的終結，若能順利完成斷奶，一次美好的母乳餵養經歷也宣告結束。媽媽們在斷奶的過程中，一定要盡量讓這個過程平穩、緩和、快樂，讓媽媽和寶寶都能有一段難忘的母乳回憶。

幾種基本常見的輔食DIY方法

・蛋黃泥

蛋黃泥是最初為寶寶添加的輔食。將雞蛋煮熟後剝出蛋黃，加溫開水將蛋黃搗成泥狀。煮蛋時要冷水放入雞蛋，水開後五分鐘即可，這樣煮出的蛋黃不會過老而破壞營養不易吸收。

・果汁

盡量使用溫性的水果給寶寶食用，將水果放入榨汁機榨成果汁後用溫水隔杯加熱後再給寶寶食用。月齡小、腸胃功能不好的寶寶可以加入適量溫水後食用。

・蔬菜泥

將蔬菜洗淨切碎放入水中煮爛，然後放置合適的溫度給寶寶食用。給月齡較小的寶寶做蔬菜泥時，需注意要將蔬菜的纖維去掉後再給寶寶食用。

・水果泥

直接用湯匙刮取香蕉、蘋果、梨等水果的果肉給寶寶食用，天然健康，沒有任何營養損失。

・蛋黃米粉

將米粉沖水調開後與攪拌好的蛋黃泥混合給寶寶食用。也可以用母乳或奶粉來調米粉，但需要注意的是三種食物的混合應該逐步進行。

・蒸蛋

雞蛋打散後放入三分之一的溫水，大火蒸三分鐘即可。

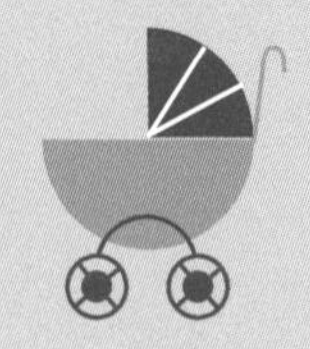

附錄

十個媽媽的哺乳經驗

透過哺乳，她們感受到愛的分享，

從她們的經驗，

讓你更貼近自己的寶寶。

哺乳其實很容易，

相信你也能得心應手。

1 保障寶寶睡眠的神祕法寶

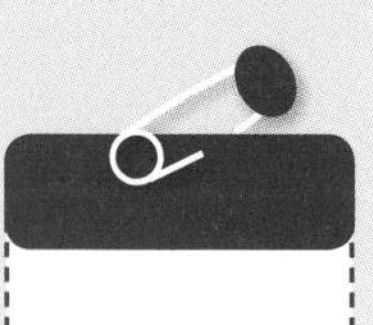

媽媽姓名：王野（二胎媽媽）　年齡：三十四歲
學歷：大學　職業：公司職員
孩子名字：羅宸　孩子年齡：五歲　哺乳時間：十個月

在羅宸五歲不到的時候，我意外地又懷孕了。愈臨近預產期，緊張與期待的心情就更加強烈，也為要再一次哺乳而激動。哺乳是辛苦的，但我依然會努力讓第二次母乳餵養順利進行，因為這世上最美妙的職業就是當一名「哺乳師」。

所有的親情、母愛，都會在跟寶寶的親密接觸中，慢慢地滲進妳的每一個細胞。雖然哺乳期可長可短，但這段時間，卻是身為母親最為自豪的時光，也是最值得回憶的時光。

每個媽媽都會經歷哺乳三步曲：開奶、催奶、斷奶，只要好好掌握，相信每位媽媽都會從中找到屬於自己的哺乳祕方。

透過哺餵兒子的經歷，我發現，母乳餵養是保障寶寶睡眠的一個神祕的法寶。

我要推薦的懶人餵養法，不只保證媽媽的睡眠品質，更能培養寶寶穩定的睡眠習慣。嬰兒期養成良好的睡眠習慣，一直讓我的大兒子受益至今。當然也讓我這個媽媽輕輕鬆鬆搞定黑夜育兒的瑣事。

這套哺乳餵養法最關鍵的是躺餵，也就是夜晚時從不抱著餵奶，同時側重在晚上培養。媽媽跟寶寶躺在同一張床上，媽媽跟寶寶都不動，只要用手托著乳房，不需起身，側著給寶寶餵奶就可以了。餵完一側奶後，寶寶基本上也吃得差不多了，然後輕輕地拍打寶寶的後背。一是幫助寶寶打嗝，二是安撫寶寶睡覺，一舉兩得。只要多加練習，輕輕鬆鬆搞定夜間餵奶的步驟，保證妳睡到天亮。第二天晚上，媽媽跟寶寶對換位置，這樣左右兩側乳房都能顧及。

晚上只要寶寶一有想吃奶的動靜，在幾秒鐘以內，香噴噴的母乳就會第一時間備妥。省去了很多抱餵的環節，大人也舒舒服服地餵奶，保證了寶寶的睡眠品質，也保證了媽媽的睡眠品質。

這方法一直延用到宸寶十個月斷奶，長期穩定、舒適的睡眠環境，讓宸寶養成了早睡早起、一覺睡到天亮的良好習慣。除非身體出現狀況，一般情況下，宸寶的睡眠品質都是非常棒的。

要提醒一點，因為小嬰兒都有溢奶現象，所以進行懶人躺餵法的時候，要墊高一下寶寶的上半身，尤其是頭部，還要放一條吸水能力強的毛巾，以防溢奶。根據經驗：本來宸寶是有名的吐寶，但這種躺餵法通常很少發生溢奶或噴奶現象。如果寶寶溢奶現象比較嚴重，少吃多餐是控制的原則哦！

這種晚上純母乳餵養的懶人躺餵法，是經得住時間考驗的，新手媽媽不妨試試看。

2 母乳餵養助我和女兒心靈相通

媽媽姓名：徐可
學歷：大學
寶寶姓名：咩咩

年齡：二十七歲
職業：美術編輯
寶寶年齡：兩歲六個月

哺乳時間：十二個月

母乳是嬰兒成長唯一最自然、最安全、最完整的天然食物。當一個嗷嗷待哺的小寶貝來到您懷裡，最重要的事情就是為她選擇食物。所以，一開始我就毅然決定堅持哺乳。

一眨眼，我的咩寶貝兒已經兩歲半了。她活潑、可愛、語言能力比較強。她雖不如吃奶粉的寶貝兒胖，骨骼較小的她也總給人感覺很瘦弱，但咩咩的身體應該算比較好，很少生病。還記得第一次給咩餵奶，那時我還在醫院的病床上。由於沒有經驗，我們花了好長的時間才摸索出最適合我們母女的「吃飯」姿勢。當咩吃飽後，我們母女倆都筋疲力竭地癱在床上。望著天花板，彷彿能看到我和咩咩內心的微笑。那種幸福感是任何事情都無法超越和代替的。以至於在後來的幾天，我逢人便講我和女兒的「第一次親密接觸」。

對一個母親來說，這兩年多的時間是我一生中最重要的經歷。從一個無憂無慮的女孩轉變為人母的過程，只有經歷了才會明白。有太多的瑣事糾纏著我們；有太多的困難在考驗著我們；也有太多的選擇題在等待著我們。在哺乳的過程中也遇到過一些小小的挫折，坐月子期間，由於一些事情影響心情，導致我患上輕微的產後抑鬱。我萬萬沒有想到這會影響到哺乳，奶水愈來愈淡，以至於需要用一部分奶粉來代替。也因為混合餵養的原因，讓孩子的腸胃受到了一些影響。看著孩子生長緩慢，當媽的我尤其自責。為了寶寶，我不得不努力調節自己的心情。在我的努力下，終於奶水又回來了。那之後，我知道我的喜怒哀樂牽扯到寶寶的身體健康，我每天鼓勵自己保持快樂的心情，就這樣，我堅持了一年的母乳餵養。看著漂亮的咩寶寶躺在我的懷裡安靜地吃奶，我喜歡柔聲和她說話或者唱歌給她聽，咩寶寶有時會輕輕抬起長長的睫毛給我一個微笑，那一刻，我們之間的親暱讓我徹底陶醉。

一直到現在，每當我心情不好，咩寶寶好像都能感應。她總是會跑過來問：「媽媽，你怎麼了？」然後像我抱她一樣抱著我，輕拍我的背。每當此時我都會異常欣慰，我知道，我和咩咩在一年的哺乳時間裡，早已形成絕佳的心靈感應，我用我的付出贏得了寶寶的愛和關心。

母乳餵養，一定會是每一個媽媽的無悔選擇。

3 母乳餵養中的教訓與收穫

媽媽姓名：列晴　年齡：二十九歲
學歷：大學　職業：公司職員
寶寶姓名：依依　寶寶年齡：十個月　哺乳時間：九個月

雖然我是剖腹產，但奶水來得還算順利，不過剛開始的奶量很少。出院那天想請護士幫忙找個通乳師，可是護士姐姐太忙了，一句「回去多熱敷多吸就好了」，就這樣把我們打發出院了。

現在回想起來，沒有提早找通乳師對我來說是個錯誤的決定。我相信很多新手媽媽都會像我一樣，捨不得把奶吸出來，總怕剛吸出來寶寶就餓了，來不及或者甚至不知道該怎麼熱給寶寶喝。所以，在寶寶兩個多月的時候，我突然就發燒了。結果被醫院的急診醫生誤診為病毒感冒引起的發燒，要求輸液三天和吃消炎藥，停母乳兩周。因為輸液三天還是不退燒，而且乳房腫塊很疼，才想起來找通乳師。連續做了三天通乳按摩護理，腫塊消除，也不發燒了。通乳師除了教我和家人如何進行穴位通乳，建議每餐喝湯、喝酒釀湯等催奶，還矯正了我們兩個錯誤的理念：

● 寶寶每次吃不完的奶要從乳房中吸出來，不要怕吸出來寶寶餓的時候不夠吃。乳汁會愈吸愈多，不吸出就會退回去。另外母乳保存的方法，可以用母乳專門儲存袋凍在冰箱中保存，最長三個月。要吃的時候，取出來用涼水化開，隔水溫熱到攝氏四十度即可。

● 媽媽除了忌吃辛辣、茶水、咖啡等對寶寶有刺激性的食物外，還要注意禁食退奶食品，例如：芹菜、大麥茶、苦瓜、韭菜等（因個人體質不同，退奶作用程度也會不同）。

另外還想和大家分享的就是，媽媽的一些飲食會對寶寶造成皮膚過敏情況。我家寶寶在兩個月的時候就出了很嚴重的濕疹，給她擦外用的藥膏效果不明顯，在醫生的指導下，我停止食用容易造成過敏的雞蛋、牛奶、鯽魚等，逐一檢視幾天後，最後發現當我喝了牛奶時寶寶就會過敏。

我非常享受給寶寶餵奶的那段時間，那個嬌嫩小嘴焦急地尋找著維繫她生命的源泉，然後用力地認真吸吮著。吃飽後，會聞著媽媽的體香，聽著媽媽的心跳而心滿意足地香甜睡去。這種被需要的感覺，會讓每一個做母親的人感覺到無比驕傲，會為自己存在是有意義的而心存感激。

儘管我很想餵母乳到寶寶一歲，但由於工作壓力太大，而且經常忙得一整天都沒時間吸出奶水，所以在寶寶九個月時，奶水突然就變得很少很少。之後的一週開始從兩天吸一次，三天吸一次，直到不去管它。乳汁逐漸地減少，但寶寶也非常適應，我也沒有痛苦。寶寶順利斷奶，母乳餵養順利結束。

哺乳，痛並幸福著

媽媽姓名：李豔
學歷：大學
寶寶姓名：薛奕珂
年齡：三十五歲
職業：全職媽媽
寶寶年齡：四歲半
哺乳時間：一年零一個月

我是一個堅定的自然生產與母乳餵養宣導者，自懷孕時就對母乳餵養做足了功課並矢志不渝地付諸實踐。

當年我千辛萬苦生完女兒回到病房，第一件事就是把小肉娃兒抱在懷裡開奶，每天沒事就抱著她吸啊吸的。當時其實並不清楚自己到底有沒有奶，也不知道她能吃到多少，只抱定了一個信念，我一定要讓女兒吃到最健康的母乳。在我的堅持不懈下，我漸漸體會到了身體裡乳汁流動的感覺，奶也愈吸愈多，終於實現了理想的純母乳餵養，開始享受專屬於我們娘倆的美妙時刻了。

每次把女兒橫抱到懷裡，她那粉嫩的小嘴馬上大張著、晃著腦袋找啊找，真的就像動物世界裡嗷嗷待哺的小鳥一樣，終於找到的時候，柔嫩的小嘴就像溫柔的小泵浦一吸一吸的，有時還嘖嘖出聲，那種饑渴得到滿足是讓每個媽媽都感到無比驕傲的！每當這時候，我的漲疼馬上緩解，體會到身體在不斷供應乳汁，我會微笑地注目她那永遠看不夠的小臉，被滿溢的幸福包圍著……

當然餵奶也不是只有享受，每個做奶媽的幾乎都遭遇過腫塊或發炎。有一次因為晚上照顧寶寶側躺太久，第二天乳房就出現了大腫塊，不僅堵得奶都不多了，連胳膊都疼得幾乎抬不起來，熱敷也沒多大作用。遍查資料後我認定只有一個辦法——多吸！於是女兒的食堂全天候不定時開放，她不餓時我也抱著她餵奶，終於在我們娘倆的共同努力下，腫塊疏通了，我也如釋重負，看來什麼都比不上寶寶的小嘴有力量。

剛開始餵奶的時候，爸爸和奶奶也都怕我奶水不夠，要加奶粉，我只屈服了幾天，因為我堅信奶粉吃得愈多母乳吃得愈少，而奶一定是愈吸愈多，不吸就沒有的。一旦我確信女兒完全可以在吃完我的奶後睡個好覺，馬上就拋棄了奶粉，用純母乳把我的寶貝餵得又胖又壯！所以決心與信心是最重要的，再加上合理的方法，大多數媽媽都可以做快樂奶媽的，可惜太多媽媽因為缺乏母乳餵養的知識與決心，要不是混合餵養，就是乾脆放棄只用奶粉，甚至覺得奶粉也不錯。直到大陸「三鹿奶粉事件」出現，大家才醒悟，原來奶粉這麼不可靠，就是那些大廠牌進口奶粉在國外也都有過這樣那樣的問題，有什麼能比得上價廉物美的母乳呢？

女兒一歲一個月的時候，我這個奶媽正式卸下任務了。雖然至今我仍很懷念當年一邊摸著女兒滑嫩的小屁股，一邊看著她那貪吃的小臉時的幸福時光，但畢竟這個階段對她來說已經是過去了，脫離母乳是寶寶成長中的第一級台階，我會把那麼多的美好妥善收藏到記憶裡，那是只屬於我們兩個的美好回憶，這就足夠了。

謹以此文紀念我曾經的哺乳生涯，也獻給所有要當媽媽的女人，請不要輕易放棄上天賦予我們的偉大功能，請給我們的寶寶最美好的東西吧。

5 我是一個偉大的哺乳媽媽

媽媽姓名：米菲　　年齡：三十三歲
學歷：大學　　職業：公務員
孩子名字：雨晨　　孩子年齡：八歲　　哺乳時間：一年零兩個月

作為母乳餵養的絕對擁護者，從得知生命在腹中孕育的那一天起，我就堅定了自己母乳餵養的決心。為了孩子的糧倉能夠供給充足，整個孕期我都注重乳房的護理，到了懷孕晚期更是多喝有助於日後泌乳的湯水。

我很清楚地記得，在我產後二十六小時，飲食還很清淡，只喝了兩碗小米粥，我的乳房便開始漲奶，這令我欣喜若狂。但之後的狀況卻讓我措手不及，由於乳腺不通，孩子吃奶很費勁，漲滿的乳房逐漸堅硬得像石頭一般。家人幫助我用各種方法吸奶都無濟於事，乳房愈來愈漲，我感覺自己的胸口像墜了兩塊大鉛塊般堅硬而疼痛。最後家人為我請來了通乳師，我忘記了我經歷了多久徹骨的疼痛後，終於揉開了堵塞的乳腺，奶水順利地下來了。當時的我，在疼痛和激動的情緒下嚎啕大哭。

在那之後，我的哺乳過程就異常順利了。保持充足的睡眠和良好的心情，營養適當的進食，是母乳餵養成功的要素，每天餵完奶，都及時用吸奶器吸完剩餘的乳汁，並做好時間記錄，好習慣讓我奶量充足，營養豐富，孩子也很快自覺形成良好的進食和睡眠規律，兩個月時體重已達七公斤多，白白胖胖，是個健壯的小寶貝。

眾所周知，母乳餵養的孩子與媽媽二十四小時不分離，極易建立起親子依戀關係，我發現雨晨與我不能分離，是在她兩個月零八天的一個傍晚。那天，我出門到樓下便利店買日用品，來回僅花了十分鐘不到的時間，買完東西走到樓下便聽見她撕心裂肺、委屈與歇斯底里並存的哭聲，我以為是保母弄傷了她，飛奔上樓抱她入懷，沒想到那哭聲便戛然而止。我不太相信那麼小的嬰兒會認媽媽，與家人輪流試探多次，結果都是除了我以外誰都別想抱她。

那天起，我享受著女兒給我的這份特權，滿足於家人從我懷裡抱走又不得不立即歸還於我的那種無奈與不捨，覺得自己好偉大！可以被一個鮮活的生命這般強烈地需要，幸福感遽增。尤其是餵奶時，她用純淨、透明的眼神充滿信任地看著我，時而用手扶住我乳房，時而咧開嘴巴對我微微一笑，那一刻，彷彿世界上只有我和女兒，再沒有他人！

可能有人覺得母乳餵養會讓媽媽失去自由，確實如此，在我給雨晨哺乳的十四個月的時間裡，性格活潑、酷愛逛街、旅行的我，幾乎沒有離開過家。但如果真的要把失去的和得到的放在天秤上稱量的話，我可以用我的經歷告訴大家，母乳餵養帶給媽媽和寶寶的絕對要比失去的更多，媽媽因為哺乳而做出的一切犧牲都是值得的。

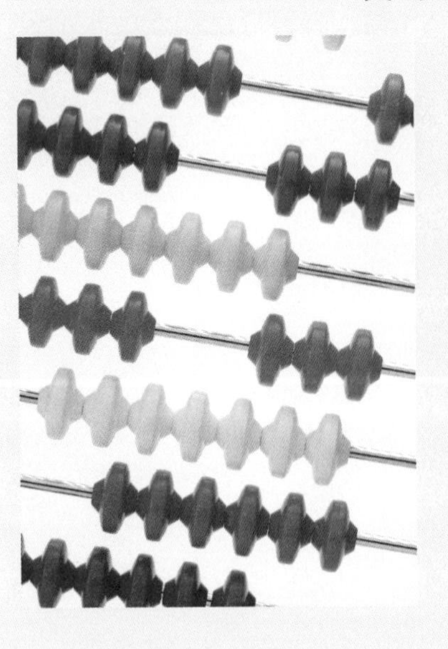

6 親餵讓我更加感受愛

媽媽姓名：如如　年齡：三十六歲
學歷：銘傳大學　職業：全職媽媽
孩子名字：阮不不　孩子年齡：兩歲
哺乳時間：一年零七個月

初乳其實是最為精華的奶水，當初在醫院待產的前一天，感謝月子中心的執行長協助開奶，利用棉棒蘸溫開水將乳頭上的小白點去掉，協助擠出一些初乳，便開啟了我的母乳之路。

由於醫院採母嬰同室的方式，所以在醫院恢復期間就全部採用親自哺餵的方式，小寶寶吸吮母親的乳頭，實際上也是要學習的，所以含乳方式很重要，如果含得好，寶寶吸吮就可以很順利，醫院的護士或是月子中心的照護人員都很樂意協助。寶寶還小的時候，吸吮一下很容易就睡著，所以在過程中偶爾要輕輕拉拉耳朵或是戳戳背，叫醒他們繼續吸，才不會沒有吃飽一下又睡著。

到了月子中心，我有被教導如果要讓奶量增加，就必須在哺餵完後，定時將剩餘的母奶擠出，讓身體知道要再製造更多的奶量。在初期一天大約擠奶六次以上，包含半夜仍舊定時起床擠奶。

我後來採取的哺育方式是瓶餵、親餵交替，白天瓶餵，半夜親餵，瓶餵的好處是可以知道小孩喝的量，若要託人照顧也比較能抽身；缺點是要花時間將奶水擠出，以及清洗奶瓶工具等。

選擇要全親餵的媽媽，看寶寶吃完後是否要將剩餘的奶水擠出儲存備用，有的不擠出最後可以達到供需平衡的狀態。至於瓶餵，則一定要將母奶擠出，所以每天要記得定時擠奶，次數就依自己的狀態而定，擠奶前稍微按摩一下乳房，一次擠奶約三十分鐘以上，擠出來的奶水放在冷藏可以保存三天，冷凍至多保存三個月，但依照自己的實際經驗發現，冷凍過的奶水退冰後有腥味，其實小寶寶味覺是很靈敏的，也喜歡喝新鮮甜甜的母奶，有時候會不愛喝凍奶，所以我自己的經驗是十天內一定會將凍奶解凍喝掉。

當然我在餵奶的過程中也曾遭遇困難，例如：

● **乳房有硬塊：**從月子中心回家後，因為沒有將母奶擠乾淨，所以引發一側積奶產生硬塊，非常不舒服，輕壓就會痛，有時看個人體質，嚴重的會引發乳腺炎，不過很慶幸自己沒有。其實寶寶的嘴巴是最有力的吸奶器，任何擠奶器都比不上寶寶的嘴巴，在脹奶時寶寶吸吮後很快就會消掉，所以之後感覺乳房有小硬塊時，就趕快請小寶寶幫忙，邊吸邊按摩硬塊之處，多吸吮幾次，就很順利地消除。但因為第一次積奶已經太嚴重，且寶寶當時還小吸吮力也小，沒有辦法完全消除腫脹硬塊，加上非常痛，自己無法按摩推拿，就請有哺乳經驗的媽媽協助推奶，利用疏乳棒和溫水玻璃瓶包裹毛巾滾動硬塊的地方，然後用力按摩推開，並將母奶擠出，反覆幾次後才順利消除。平時也可以利用洗澡時的熱水慢慢推開硬塊。

● **乳頭有裂傷：**因為初期使用電動擠奶器，雖然已經將轉速開至最小，但也許每個人體質不同，我的乳頭較脆弱，因為擠奶器的拉力，導致乳頭裂傷，加上當時寶寶嘴巴有鵝口瘡發作，與我交互感染，所以後來放棄使用電動擠奶器擠奶，醫生建議我徒手擠奶，後來發現徒手擠奶的方式非常方便，出門在外只需準備一兩個儲奶瓶即可。也發現徒手擠奶比擠奶器排空得更為乾淨，不過這純屬個人經驗。要能夠確保乳房不會有硬塊產生，一定切記要排空乾淨，定時擠奶，否則不知不覺就會有硬塊產生。

以我個人的哺乳經驗發現，初期擠奶比較不好擠，但一段時間後會愈來愈順利，如果奶水真的不足也沒關係，就用配方奶補充。想要哺育母乳的媽媽一定要對自己有信心，平常只要隨時多補充發奶的湯湯水水，飲食均衡，睡眠充足，放鬆心情，奶水自然會充足。

7 母子關係在餵奶間建立

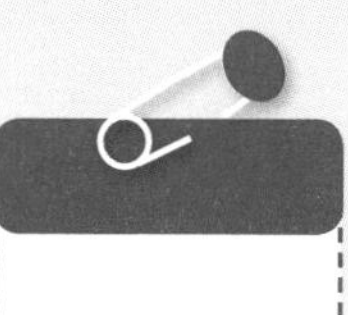

媽媽姓名：小蓉包
學歷：大學
孩子名字：用用
年齡：三十八歲
職業：傳播業
孩子年齡：五歲
哺乳時間：七個月

還記得，剛產下寶寶的頭幾天，我在醫院休養，在護士小姐的衛教說明下，體會到母乳對於幼兒的重要性。但是，我的奶量不多，非常挫折，但是護士小姐不斷地告訴我，母乳是極其珍貴的高級補品，非常有助於免疫力的增長，即使只有幾滴，對於幼兒來說，營養仍是相當豐富。就憑著這句話，我決定盡量餵寶寶吃母奶。在生下寶寶的第二天半夜，聽見病房的電話鈴響，是護士小姐告訴我，在保溫箱裡的寶寶肚子餓了，哇哇哭了起來。我二話不說，馬上撈出自己的乳房，努力擠了好幾下，半晌，眼見瓶子裡只有兩滴。儘管如此，我一心想著，這可是寶寶最珍貴的營養品，於是，我拎著僅盛有一兩滴母乳的小奶瓶，駕著輪椅，在夜半時分，穿越黑闇的夜，抵達育嬰房。將奶瓶交給護士小姐時，知道寶寶可以喝到母乳，我的內心可是充滿光亮。

為了盡可能地餵食母乳，除了依書中的建議，多喝湯湯水水，我也努力擠奶。由於多給予乳房刺激，有助於奶量的增加，一直到產假結束，回到工作崗位上，我都會於中午休息時間在洗手間擠奶，回家後，仍可以繼續哺乳。

不過，哺乳的量仍然不夠寶寶的食量，每每寶寶吸過奶後，仍餓得狂哭，不僅如此，家人們也急得跳腳，此時我內心都感到十分煎熬，到底是要泡配方奶呢？還是堅持如書中所教，讓孩子哭，也讓乳房知道這樣的奶量是不足的，就會自動依寶寶的需求，產生足夠的奶量。也許是我的堅持不夠，斷斷續續地哺餵，奶量仍未盡理想。

就這樣，哺餵的日子維持了約七個月，寶寶才慢慢地轉為喝全配方奶。回首這段哺餵母乳的過程，雖然有些辛苦，卻有著滿滿的幸福；知道寶寶的健康可以在哺餵中，點滴增加，雖然心中有些遺憾，能夠哺餵的奶量有限，但只要看著寶寶滿足地吸吮時，似乎感受到母子的親密關係從中緩緩建立。

8 經過等待，我們更珍惜

媽媽姓名：Jean　年齡：三十五歲
學歷：碩士　職業：全職媽媽
孩子名字：陽陽　孩子年齡：兩個半月　哺乳時間：兩個半月

我們夫妻倆的懷孕過程並不順利，花了好幾年的時間等待，我甚至離職在家邊調整作息邊調養身體，「苦等」前後近五年才擁有這個寶寶。因此，餵母奶這個百利而無一害的決定，是我始終沒有遲疑過的，決定要就給寶寶最好的。

只是，萬萬沒想到，等到產下寶寶之後，才知道餵母奶有多艱辛。

生產完住院第二天，我胸前就留下了被寶寶錯誤吸吮的超級疼痛傷口。求救護士，得到的解答卻是：「慢慢來！寶寶得花時間學習正確吸吮，並且培養跟妳之間的默契。」既然如此，加上完全不考慮使用配方奶的我，只好帶著傷口義無反顧地持續哺乳。直到現在，當初寶寶吸吮乳房傷口的刺痛，仍然讓我記憶猶新。

出院後到月子中心，乳房的傷口尚未好轉，哺乳的心情相當複雜。因為寶寶頻繁地喝奶，等同乳頭完全無法休息，傷口要癒合的時間就得更久。因此，當寶寶哭鬧不休，而先生安撫不來，總會推說是寶寶餓了要喝奶而抱還給我，讓我無法克制地生氣起來。因為剛撐過生產疼痛，傷口還沒復原呢！緊接著又得忍受哺乳疼痛。先生無法體會與分擔，心裡的那股怨還真是沒來由地就冒上來。先生為了體恤我，建議把寶寶留在月子中心嬰兒房時間長一點，我的母性又馬上高漲起來，覺得好不容易生下來的心肝寶貝，我們竟然不願意花時間跟她相處。她一哭鬧就想把她「扔到」嬰兒房，心中充滿了不捨與罪惡感。就這樣在充滿矛盾的情緒下，度過了月子期間。然後，我的傷口復原了，寶寶也會正確吸吮了，每兩、三小時餵一次奶及半夜得起床擠奶的生理時鐘也適應了。

可能是我產前與產後都有持續吃中藥方調養，很幸運的，我的母奶量挺足夠的。加上月子中心的餐飲提供大量的湯湯水水，母奶量供過於求，因此得不斷地打包。返家後，喝的湯水量沒那麼多，加上二十四小時都跟寶寶相處在一起，隨時可親餵，慢慢地就達到供需平衡。原本還打算花一筆錢買高級擠乳器，後來發現根本不太用得到，這是親餵母乳的好處之一。

我在生產前花了很多時間看育兒書，書上很多過來人都建議要如何幫寶寶建立規律作息，耳提面命說不要讓寶寶破壞夫妻原本的生活。書上描述的完美境界誰不想要，但畢竟寶寶不是生活在部隊，加上他們有自己的個性，太要求完美與規律只會讓爸媽更辛苦。寶寶滿月後，第一次的健兒門診，醫生就一棒敲醒我貪心的美夢：「既然妳是家庭主婦，寶寶也才這麼一個，何必怕累呢！寶寶想喝奶就隨時讓她喝吧！等時間一長，不用妳訓練，寶寶自然會發展出她的規律。」

現在寶寶快三個月了，白天仍保持著二至三小時就得喝奶的習慣，但很貼心的她，半夜喝奶的需求時間已逐漸拉長。雖然還無法一覺到天亮，但能讓媽媽我不受打擾地睡個四、五個小時，我就非常感恩了。白天如果累，就抱著寶寶一起睡個回籠覺，稍微補充半夜被中斷的睡眠，其實好像日子也沒自己當初想像的那麼恐怖。

截至目前，我也還算是個新手媽媽，未來勢必還有很多考驗，但就像醫生跟護士給我的建議，想要得心應手照顧寶寶，只有親子間花時間互相適應慢慢磨合，終會找出一套相處默契來，沒有其他速成法啦！

源源不絕的奶水給予寶寶最好的呵護

媽媽姓名：陳品璇　年齡：三十五歲
學歷：碩士　職業：程式設計
孩子名字：陳小艾　孩子年齡：兩個半月　哺乳時間：一個月

初次哺乳其實還滿奇妙的，把寶寶抱近胸部，寶寶自然而然就會去吸吮乳頭，一開始我尖叫了一下，因為超痛的，想不到寶寶吸吮能力這麼強，能和吸塵器相比了。

當寶寶吸吮時，妳會立刻感覺下腹部有一股類似月經來前的微微痠痛的感覺，那是因為妳的子宮也正在收縮當中。妳也會感覺到乳房母乳流動，這一次都是自然而然的發生。親餵這門學問看來簡單，其實不易的，妳得要有正確的姿勢，寶寶才能吸得到母奶。

我個人經驗是一開始不斷換姿勢，但寶寶沒吸到奶沒吃飽一直哭，我也吃盡了苦頭，後來我覺得先讓寶寶熟悉同一種吸奶姿勢就好，當第一次成功親餵時，保持同一姿勢就好，不要馬上換，等寶寶充分熟悉後，再更換為其他姿勢，不斷練習，這樣親餵寶寶就很順手了。

親餵不是把乳頭放到寶寶嘴裡這麼簡單，要寶寶把嘴張大後，把乳頭、乳暈整個放入寶寶嘴裡才行，否則，寶寶還是吸不到母奶，而且媽媽的乳頭也會疼痛，寶寶身體也得成一直線。媽媽採自己最舒服的姿勢最重要，先訓練寶寶如何快速尋到乳頭，總之，要常常練習及訓練寶寶，才能讓親餵更輕鬆容易。

若有媽媽正在訓練瓶餵寶寶成親餵的話，可以先讓寶寶躺在枕頭上練習一下妳要親餵的姿勢，先以瓶餵，奶瓶後端先放低一些，讓寶寶覺得吸奶要比較使力氣，之後再試親餵。

我覺得只要有多喝湯湯水水、泡澡或洗熱水澡、熱敷、按摩一下乳房、乳頭、加上看到自己親親寶貝可愛睡覺的模樣，就會自然而然幫助乳汁分泌了。若是自己擠奶，也是讓奶量多多的妙方：

- 「工欲善其事，必先利其器」，擠奶工具也挺重要的，分為手動、電動，建議一開始若奶量不多的媽媽，採用電動的，比較沒挫折。若有更多時間的媽媽，也可以用手動擠奶器。

- 擠奶時要專心擠。
- 不要緊張，要放輕鬆。
- 多補充水分。
- 偶爾再適量按摩刺激一下乳房，擠奶前也可以熱敷一下。
- 要有快樂的好心情。
- 姿勢也是要正確。
- 要勤擠奶，奶量才會維持。
- 多休息、睡覺。
- 最重要的是乳房每次都要好好清潔、護理。
- 密集擠奶：每次擠十分鐘休息十分鐘，再擠十分鐘，然後延長擠奶時間，可得到數次「奶陣」（泌乳反射、出奶），記得要定時擠奶，乳汁的分泌量會被大腦記憶，當妳每次擠的都不多時，大腦就會覺得這樣的量就夠了，所以當妳愈擠愈多時，大腦就會知道要增加量了。不要心急著一口氣就要增量，要循序漸進。漸漸將奶量往上提，大腦也會知道需要分泌更多乳汁才夠喝了。

．擠不多不要給自己太大壓力也不要有罪惡感。

．學習到處隨時哺乳。

因為自然產後大量出血而無法親餵，一開始寶寶有吸，但因太虛弱了，加上乳頭破皮疼痛，只好暫用瓶餵，導致寶寶習慣瓶餵，而拒絕親餵，所以我目前就只能以擠出母乳和配方奶來餵寶寶。但不知要餵多少，加上餵奶期間沒有適時給予拍嗝，有時寶寶會有吐奶的狀況，或是類似胃絞痛的現象產生。感覺疲倦是一定會的，不過習慣也就成自然了。一段時間後想要練習親餵寶寶，但寶寶因為吸不到奶而生氣哭泣，我感到有點難過是真的，但是媽媽們不要自責，因為寶寶其實是需要被訓練的。

因為我想要餵寶寶母奶，所以一定要準備擠奶器，分為手動及電動兩種，當然都要消毒後才能使用。擠奶時選擇舒服的環境，準備好枕頭或抱枕可以支撐媽媽的手臂、背部，手動、電動擠奶速度都很好控制，不過選擇電動擠奶器時，最好先試用看看，有的強度不是很夠。手動擠奶器的強度反而比較好。基本上目前市面上的擠奶器品質都大同小異，這是我個人的感覺。買之前還是先請教一下販售人員，比較妥當。

我起初並沒有選擇配方奶，是由醫院統一提供，無其他選擇，但醫院提供的是品質最好的，所以我們也就決定繼續使用同一品牌了。當然如何選擇，就在於家長自己。配方奶不只有奶粉，也有鋁鉑包的現成配方奶，方便外出使用，平常都自調配方奶，煮過的開水倒入消毒過的奶瓶，冷卻一段時間後，再加入奶粉混合，寶寶就可以食用了。

親餵母奶對寶寶是最好的選擇，便利、便宜、省時、省力，記得要養成習慣，才能持續下去。若是無法親餵的媽媽們也不要灰心或自責，更不要勉強自己或寶寶，將母奶擠出瓶餵或配方奶，仍是可以提供寶寶營養的哦！

當然最重要的是老公的支持。也許很多新手媽媽們因不瞭解寶寶的哭聲、行為而有產後憂鬱症的發生，當自己發現心情不好時，一定要找親人、朋友傾訴、發洩一下，最好能加入媽媽俱樂部或是請教哺乳專家等，多和其他媽媽分享一下經驗，會學到更多。多練習哺乳，久而久之就成吃飯一樣簡單了。記得媽媽們還是要保持愉快的心情，因為妳的心情也是會影響到寶寶的。

多點耐心，照顧寶貝一樣順手

媽媽姓名：宇宙無敵大美女Irene

學歷：大學　職業：前平面設計師　年齡：三十七歲

孩子名字：寬寬　孩子年齡：兩歲半　哺乳時間：兩年六個月

因為是第一次當媽媽，又沒有幫手，所以從懷孕一開始就很緊張，擔心自己做不好，會影響小孩發育之類的；常常工作到一半，想起來又開始焦慮。等到生產後，心裡依然沒底，只好傻傻依照護士和醫生的指示，該按摩就按摩，該吃喝就吃喝，慢慢的兩天之後竟也可以順利哺乳了。雖然有了一個小孩後，生活上與心情上是天翻地覆地劇變，老實說是很辛苦的，但是很神奇的是，確認自己可以順利哺乳之後，莫名就對養小孩這件事有了信心，心情也慢慢放鬆，還可以開玩笑替自己取綽號叫林鳳營。

包括我自己以及我遇見的媽媽們，大家都不是一生完小孩就有奶水的，我自己是大概過了快整整一天，才可以擠出初乳來，雖然少得讓人很不安，但是所有的護士都稱讚說是好的開始（我想她們也許只是好心啦！），我也就慢慢放心下來。後來我就發現放鬆心情與補充營養，是增加乳汁分泌的不二法門；不要勉強自己隨時起來查看小寶貝，抓緊空檔時間休息打盹，無聊的時候做些開心的事，聽聽音樂、上網、聊天等等，都會有幫助的。同時我也會隨手一碗食物或湯品什麼的，一邊玩一邊吃，身心同時都照顧到啦！

因為我是自己一個人帶小孩，先生又很晚才下班，所以沒什麼時間洗奶瓶，因此採取親餵的方式哺乳對我是最方便的。親餵有很多好處，可以增加泌乳、防止乳腺阻塞、幫助恢復身材、減少清洗哺乳器具的麻煩、半夜餵奶也方便、出門更不用帶太大包用品。但是我最大困擾也是親餵的困擾，就是小孩會很習慣媽媽抱，一旦換到別人（例如：爸爸）手上，絕對會先大哭大鬧一番，怎麼哄都沒效，哭到大家都累了，他才會妥協；最麻煩的是，睡覺的時候一定要媽媽陪睡，而且還要咬咬睡，結果讓我整整一年多沒有躺平睡過。因此我聽從小兒科醫師的建議，建立睡覺前的儀式，可以幫助小孩戒掉咬咬睡，希望可以成功。

因為是親餵母奶，所以小孩不太喜歡咬奶瓶（若瓶裡裝的是母奶，會比較願意多吸兩口）；但是晚上母奶分泌較多時，還是會用電動擠乳器把母奶排空，可以幫助增加乳汁分泌；冰起來的母奶就留著當存糧，在我去洗澡或煮宵夜時，讓爸爸拿奶瓶餵。

使用電動擠乳器擠奶比較輕鬆、快速，擠好的母奶放在玻璃奶瓶裡冷藏，要餵小孩前就可以直接整罐放到溫奶器裡；溫奶器的定溫功能不會讓母奶過熱，小孩常常喝喝停停的，喝到涼掉還可以再放進溫奶器（尤其冬天時很好用）。至於配方奶，是睡覺前給小孩喝一些，他會睡得比較久（大概三至四小時），讓我們輕鬆一點點。後來發現小孩有過敏現象（臉上有異位性皮膚炎），才改用水解蛋白奶粉；同時我的飲食也更加嚴格控制，會引發過敏的食材（海鮮、核果、鳳梨、奇異果、草莓……）通通不能吃，之後小孩的過敏現象才緩解。

在這裡我要勸所有的新手媽媽，照顧小寶貝真的要非常有耐心。剛生完的前幾個月，我也常常被小寶貝哭鬧到心煩意亂，真想離家出走，可是看他小小的又不忍心苛責；沒辦法，所以當他鬧脾氣時，我就想像他是剛移民到地球的新生物，什麼都要從頭學、從頭適應，再想想換做我突然移民去外國，也一樣沒安全感的，這時我對著少爺就會多了一些耐心，一天天地慢慢與他培養默契，就愈來愈順手了，希望妳也能跟我一樣，讓哺乳慢慢上手，跟孩子有個更親密的互動交流。

國家圖書館出版品預行編目資料

新手媽媽一定要學的哺乳經/磊立同行著. -二版.
-- 新北市 : 漢欣文化事業有限公司, 2023.05
224面 ; 21x14.7公分. -- (健康隨身書 ; 7)
ISBN 978-957-686-865-8(平裝)

1.CST: 母乳哺育 2.CST: 育兒

428.3 112005034

定價320元

健康隨身書 7

新手媽媽一定要學的哺乳經

作 者 / 磊立同行
審 訂 / 許世賓
封面設計 / 陳麗娜
執行美編 / 陳麗娜
插圖繪製 / 黎宇珠
出 版 者 / **漢欣文化事業有限公司**
地 址 / 新北市板橋區板新路206號3樓
電 話 / 02-8953-9611
傳 真 / 02-8952-4084
郵撥帳號 / 05837599 漢欣文化事業有限公司
電子郵件 / hsbookse@gmail.com
二版一刷 / 2023年5月